W0261188

ALLE ZEIT WACH
1842

DEUTSCHE FORSCHUNGSANSTALT FÜR
LUFT- UND RAUMFAHRT E.V. (DLR)

SOLARCHEMISCHE TECHNIK

Solarchemisches Kolloquium
12. und 13. Juni 1989 in Köln-Porz
Tagungsberichte und Auswertungen

Herausgeber: M. Becker und K.-H. Funken

Band 1:
Grundlagen der Solarchemie

Springer-Verlag Berlin Heidelberg New York
London Paris Tokyo Hong Kong 1989

Dr.-Ing. Manfred Becker
Dr. rer. nat. Karl-Heinz Funken
Deutsche Forschungsanstalt für Luft- und Raumfahrt e.V. (DLR), Köln
Hauptabteilung Energietechnik

ISBN-13: 978-3-540-51336-0 e-ISBN-13: 978-3-642-83840-8

DOI: 10.1007/ 978-3-642-83840-8

CIP-Titelaufnahme der Deutschen Bibliothek
Solarchemische Technik / Dt. Forschungsanst. für Luft- u. Raumfahrt e.V. (DLR).
Hrsg.: M. Becker u. K.-H. Funken. –
Berlin; Heidelberg; New York; London; Paris; Tokyo; Hong Kong: Springer
Bd. 1. Grundlagen der Solarchemie. – 1989

NE: Becker, Manfred [Hrsg.]; Deutsche Forschungsanstalt für Luft- und Raumfahrt ‹Köln›

Softcover reprint of the hardcover 1st edition 1989

Printing and binding: R. Thierbach, Mülheim (Ruhr)
2362/3020–543210

VORWORT

Dieser Band dokumentiert die Beiträge zum ersten Teil " Grundlagen der Solarchemie" des "Solarchemischen Kolloquiums", zu dem die DLR am 12. und 13. Juni 1989 eingeladen hatte. Die Idee zu diesem Kolloquium entstammt den Anregungen der bundesdeutschen Teilnehmer der Task VI "Long Term Solar Fuels and Chemicals" des IEA-SSPS-Programms (SSPS = Small Solar Power Systems). Geplant war, auf einer breiten nationalen Ebene weiterzuentwickeln, was im kleinen Kreise bereits andiskutiert worden war. In die Vorträge und Diskussionen des "Solarchemischen Kolloquiums" flossen auch die Ideen mit ein, die während des "IEA-Workshop on Long-Range R&D-Opportunities for Renewable Energy" in Charmey, Schweiz, im September 1988 angesprochen worden waren.

Das Ziel des "Solarchemischen Kolloquiums" war die Vermittlung grundlegenden Wissens und Verständnisses für die Solarchemie. Die von der Sonne zur Verfügung gestellte qualitativ hochwertige Strahlungsenergie geringer Dichte kann durch konzentrierende Systeme der Solartechnologie auf hohe Energiestromdichten verdichtet werden. Sehr hohe Temperaturen sind erreichbar, und große Temperatur-Transienten können exakt gefahren werden. Neben Anwendungen in der Thermochemie eröffnen sich neue interessante Gebiete in der Hochtemperaturphotochemie, der Hochtemperaturelektrochemie und der Photoelektrochemie. Wichtiger als eine Präsentation der neuesten Forschungsergebnisse war eine Vermittlung der Grundlagen, damit eine "kritische Masse" aktiver Fachleute erreicht werden kann, um der Solarchemie zum Durchbruch zu verhelfen. Zielgruppen waren sowohl Forscher aus Hochschulen und lehrfreien Forschungseinrichtungen als auch industrielle Anwender, die Interesse an solarchemischen Aktivitäten zeigen, sich bisher aber noch nicht ausreichend mit den Möglichkeiten der Solarchemie haben auseinandersetzen können.

Den Referenten gilt es zu danken für ihr Engagement bei der Wissensvermittlung sowie für die Ausarbeitung ihrer Manuskripte. Dr. P. Kesselring vom Paul-Scherrer-Institut, Würenlingen, moderierte dankenswerterweise die Abschlußdiskussion am 12.06.89. Frau U. Rachow und Frau S. Preußer danken wir für die Organisation des Tagungssekretariats und die Unterstützung bei der Drucklegung der Tagungsberichte. Herr G. Schneider unterstützte uns bei der Auswertung der Diskussionen. Herrn G. Schneider und Herrn O. Weinmann danken wir für die Organisation der Technik und die Vorbereitung der das Kolloquium begleitenden Ausstellung.

M. Becker, K.-H. Funken

I N H A L T

Solarchemie - Der nächste Schritt 1
C.-J. Winter, DLR Stuttgart
K.-H. Funken, DLR Köln

Solarthermie Technologie 27
M. Becker, DLR Köln

Solarchemisches Potential der Sonnenstrahlung 47
R. Sizmann, Uni München

Hochtemperatursolarprozesse: Thermodynamische Grundlagen zur thermochemischen Wasserspaltung 95
N. Prünte, K.F. Knoche, M. Roth, RWTH Aachen

Solarchemische Verfahrenstechnik am Beispiel der Methanreformierung 101
R. Harth, N.F. Nießen, KFA Jülich

Klassifizierung und Perspektiven photochemischer und thermo-photochemischer Prozesse 123
H. Tributsch, HMI Berlin

Nutzung von Solarenergie mittels photoelektrochemischer Prozesse 137
R. Memming, ISF Hannover

Energiespeicherung in chemischer Form 157
A. Ritter, MPI für Strahlenchemie, Mülheim/Ruhr

Solarchemisches Kolloquium: "Grundlagen der Solarchemie" - Eine Bewertung - 185
M. Becker, K.-H. Funken, DLR Köln

Teilnehmerliste 191

Solarchemie - Der nächste Schritt

Carl-Jochen Winter, DLR, Pfaffenwaldring 38-40, 7000 Stuttgart 80
Karl-Heinz Funken, DLR, Linder Höhe, 5000 Köln 90

Einführung

Die DLR arbeitet gemeinsam mit den Teilnehmerländern des IEA/SSPS-Programms (Bundesrepublik Deutschland, Italien, Schweden, Schweiz, Spanien, USA) an F&E-Programmen zur Weiterentwicklung der Solartechnologie und deren Anwendung. Im besonderen kooperiert die DLR mit dem spanischen "Instituto de Energias Renovables" (IER) des "Centro de Investigaciones Energeticas Medioambientales y Tecnologicas" (CIEMAT) des spanischen Energie- und Industrieministeriums. Die zu gleichen Teilen von deutscher und spanischer Seite finanzierte "Plataforma Solar de Almeria" in der Nähe von Tabernas, Südspanien steht uns als **das europäische Testzentrum** uneingeschränkt zur Verfügung, um die technische Nutzung der Solarenergie experimentell zu untersuchen. 200 MDM wurden bislang dort investiert, und für die Entwicklung und Erprobung einer neuen Generation solarer Technologien sind noch weitere erhebliche Investitionen vorgesehen.

Chemisch-technisch nutzbares Potential der Solarenergie

Solarenergie steht auf der Erde in sechs verschiedenen, technisch nutzbaren Formen zur Verfügung: Direkte und diffuse Strahlung, Biomasse, Umgebungswärme, Wind, Wasserkraft und ozeanthermische Energiekonversion (OTEC). Für eine direkte solarchemische Energiewandlung können Umgebungswärme, Wind, Wasserkraft und OTEC nicht genutzt werden.

Ein technisches Nutzungspotential für die Produktion von Kraftstoffen und Chemikalien besitzt einerseits die Biomasse, zu deren Erzeugung die Strahlungsenergie auf natürlichem Wege gewandelt und zur natürlichen Energiespeicherung verwendet wird. Andererseits kann der solare Photonenstrom direkt technisch für solarchemische Energiewandlung im engeren Sinne genutzt werden: Ein wissenschaftlich-technisches Arbeitsgebiet, das noch ganz am Anfang steht, das aber die Komponenten der solaren Technologien Heliostatenfeld und Strahlungsabsorber, möglicherweise in Kombination als Absorber/Reaktor, nutzt. In Gegenden hoher Insolation wird die Strahlungsenergie der Sonne durch Konzentration der Direktstrahlung verdichtet. In dem Strahlungsabsorber erfolgt entweder die Wandlung in Wärme, die dann als Hochtemperaturprozeßwärme für die Operationen der chemischen Verfahrenstechnik oder indirekt zum Antrieb endothermer chemischer Reaktionen genutzt werden kann. Andererseits wird in der Kombination Receiver/Reaktor die hochkonzentrierte Strahlungsenergie direkt von geeigneten Reaktionspartnern oder an der Oberfläche eines Katalysators aufgenommen. In das Gebiet der Solarchemie fallen außerdem photochemische [9], photoelektrochemische [10] und photokatalytische Reaktionen, die auch das diffuse Sonnenlicht nutzen können.

Ein mittelbares solar-elektrochemisches Potential haben auch alle solar-elektrischen Konversionen. In diesen Fällen wird der elektrische Strom mit Hilfe der Solarenergie - sei es photovoltaisch, sei es solarthermisch - erzeugt und dann konventionell für elektrochemische Prozesse eingesetzt.

Parallel zur photovoltaischen Stromerzeugung wurde in den vergangenen 10-15 Jahren die Hochtemperatur-Solartechnologie intensiv entwickelt mit dem Ziel, solarthermische Kraftwerke zu betreiben. Zunächst soll diese Entwicklungslinie skizziert werden, die auch die technologische Basis für solarchemische Anwendungen liefert.

Solarkraftwerke

Die Erforschung der Solarenergiewandlung neuerer Zeit verfolgte zwei Ziele vor anderen: Vorherrschend war das Ziel, die Menschen mit einer weiteren, sauberen, unerschöpflichen, erneuerbaren und risikoarmen Kreislauf-Energie zu versorgen. Das zweite, in den Industrieländern angestrebte Ziel besteht in der Produktion, dem Aufbau und dem Export von solaren Technologien, also der Photovoltaikfabriken, der Solarkraftwerke und der Windkonverterherstellung, u.a.

Einmal abgesehen von den Wasser- und Windkraftwerken (es sind bereits etwa 1,5 bis 2 GW_e Windkonverter am Netz) können Solarkraftwerke im engeren Sinne photovoltaische oder solarthermische Kraftwerke sein: Die Photovoltaik nutzt den Sperrschicht-Photoeffekt, der als pn-Übergang innerhalb einer Sperrschicht (z.B. Halbleiter/Halbleiter) entsteht, bei dem sowohl unter direktem als auch unter diffusem Lichteinfluß erzeugte Ladungsträgerpaare im elektrischen Feld der Sperrschicht getrennt werden. Nach Anschluß eines Verbrauchers fließt ein Strom. Etwa 30 bis 40 MW_e Photovoltaik werden zur Zeit weltweit produziert und installiert.

Bei den solarthermischen Kraftwerken wird der Direktstrahlungsanteil des Sonnenlichts auf einen Strahlungsabsorber konzentriert, in dem die Energiekonversion in fühlbare Wärme eines Wärmeträgermediums erfolgt; ein mehr oder weniger konventioneller thermischer Kraftwerksprozeß schließt sich an. Solarturmkraftwerke (Bild 1) und Parabolrinnenkraftwerke (Bild 2) wurden in Experimentalstationen technologisch erprobt und haben begonnen, in der Weltenergiewirtschaft ihre Rolle zu spielen. Die Parabolrinnenkraftwerke, mit derzeit ca. 200 MW_e am Netz, mit weiteren 80 MW_e im Bau und ca. 100 MW_e in der Planung, sind am weitesten in den Markt eingedrungen. Für die Solarturm-Technologie ist der nächste Schritt der Bau eines Demonstrationskraftwerkes signifikanter Größe von 30 - 100 MW_e - wie PHOEBUS -, um die Erfahrungen zu sammeln, die Experimentalstationen nicht erbringen können.

Beide Kraftwerkstypen haben ihre Vor- und Nachteile, die an anderer Stelle detailliert verglichen wurden [1]. Zusammenfassend soll festgehalten werden, daß solarthermische Kraftwerke an Standorten mit hoher Direktstrahlung zur Zeit und für die nahe Zukunft wirtschaftlicher sind als photovoltaische. Die Entwicklungspotentiale und economy-of-scale-Charakteristiken von Photovoltaik-Kraftwerken lassen aber erwarten, daß die photovoltaische Stromproduktion in fernerer Zukunft wirtschaftlicher sein mag als die solarthermische. Die Kraft/Wärmekopplung, die Prozeßwärmenutzung und - hier sind wir beim Thema - die solarchemische Prozeßtechnik sind allerdings exklusive Anwendungsbereiche für solarthermische Anlagen.

Durch die bisherigen Aktivitäten ist ein Momentum entstanden, das noch weiterer Bewegungsgröße bedarf, das aber auch so leicht nicht mehr rückdrehbar ist. Dazu sind die globalen Antriebe zu stark und unbezweifelbar:

(1) Das bislang unaufhörliche Wachstum der Erdbevölkerung.

(2) Die Erschöpflichkeit der Energierohstoffe Kohle, Erdöl, Erdgas, die heute zu mehr als 90 % den Weltprimärenergiebedarf decken.

(3) Die bedrohlicher werdenden globalen ökologischen Konsequenzen der bislang nahezu ausschließlich genutzten offenen Energiesysteme.

(4) Das Risiko von Energiesystemen, deren Nutzung prinzipiell mit der Erzeugung oder Freisetzung von toxischen oder radioaktiven Stoffen einhergeht.

Von der Solarthermischen Kraftwerkstechnologie zur Solarchemie

Mit den zunächst für solarthermische Kraftwerke entwickelten Technologien stehen notwendige Voraussetzungen für die Solarchemie bereit. Werkzeuge und Hilfsmittel für die Konzentrierung der Solarstrahlung durch Heliostate und für die Wandlung der Solarstrahlung in Wärme mittels Receivern sowie die Systemtechnik sind vorhanden.

Intensiv bearbeitet werden zur Zeit Konzepte des volumetrischen Receivers. Auf dem Gebiet des direktabsorbierenden Strahlungsempfängers sind noch beträchtliche Forschungs- und Entwicklungsarbeiten erforderlich. Tests fortgeschrittener volumetrischer und direktabsorbierender Receivertypen sind einerseits zur Optimierung der solarthermischen Kraftwerkstechnologie erforderlich, andererseits ist die Entwicklung geeigneter Receiver/Reaktoren notwendige Voraussetzung für solarchemische Anwendungen.

Die - etwa durch Mehrfachreflexion - erreichbaren technischen Temperaturniveaus sind prinzipiell nach oben kaum begrenzt. Man kann somit alle üblichen industriellen Prozeßtemperaturen erreichen, die um 100-200 °C und noch einmal um 1200-1500 °C ausgeprägte Bedarfsmaxima zeigen (Bild 3). Speziell in der chemischen Industrie liegt der maximale Energiebedarf einmal im Bereich von 200-500 °C und zum anderen von 800-1500 °C.

Die Hilfsmittel zur Erzeugung sehr hoher Temperaturen (T = 2000 - 3000 °C) aus solarer Einstrahlung sind aus der Optik und der Thermodynamik bekannt. Zur Zeit werden Strahlverfolgungsalgorithmen für die Optimierung dreidimensionaler Konfigurationen, die aus Heliostatfeld, Sekundärkonzentrator und Receiver bestehen, entwickelt [6]. Materialien werden auf ihre Eignung zum Einsatz in Sekundärkonzentratoren untersucht [7]. Methoden zur Verminderung von Strahlungsverlusten, die mit der vierten Potenz der Temperatur des Strahlungsabsorbers erfolgen, können eingesetzt werden. Die Solartechnologie offeriert den Vorteil, daß die Einkopplung der solaren Strahlungsenergie - prinzipiell - wandlos erfolgen kann, übliche Begrenzungen durch maximal zulässige Materialtemperaturen mithin entfallen. Die Entwicklung von Verfahren zum direkten Transfer der Strahlungsenergie in ein chemisches Produkt, das die Energie als Bindungsenergie speichert, ist potentiell eleganter als die Wandlung der solarthermischen Energie.

Nachteilig bei allen solaren Prozessen ist das unstete solare Energieangebot, dem in der konventionellen chemischen Technik im allgemeinen eine in engen Temperaturgrenzen erforderliche kontinuierliche Energiezufuhr entgegensteht. Aus diesem Blickwinkel ideal wären daher diskontinuierliche chemisch-technische Verfahren, die dem solaren Strahlungsangebot "nachgefahren" werden könnten (Bild 4 (a)). In der Übergangszeit in das Solarzeitalter stellt die fossile Hilfsfeuerung eine Zwischenlösung für kontinuierliche Prozesse dar, die über Tage hinweg konstante Reaktionsbedingungen erfordern (Bild 4 (c)). Ein Speicher könnte die Energie zeit- und ortsunabhängig verfügbar machen (Bild 4 (b)).

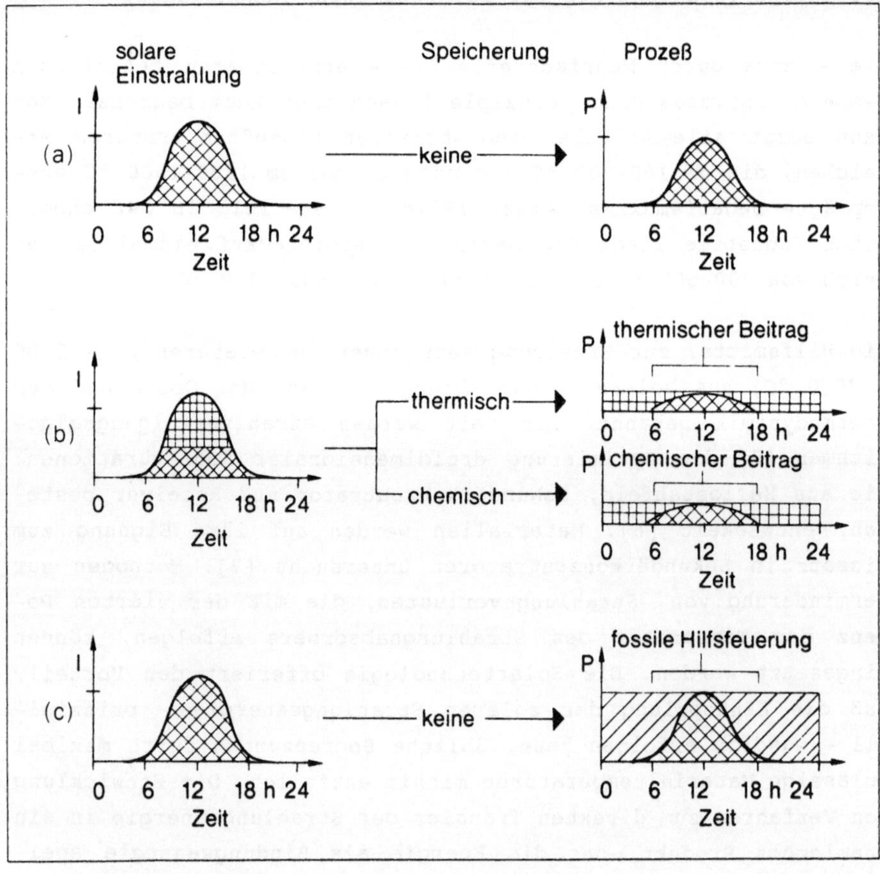

Bild 4: Kopplung des instationären Solarenergieangebots mit Erfordernissen der chemisch-technischen Prozeßführung

Hier bestehen noch große Wissensdefizite. Für die Hochtemperaturwärmespeicherung greift man auf Techniken zurück, die bei der Eisen- und Stahlerzeugung Anwendung finden. Jedoch sind für solare Anwendungen noch deutliche Verbesserungen erforderlich, und an Hoch- und Mitteltemperaturwärmespeichern wird zur Zeit intensiv gearbeitet. Chemische Speicher sind - natürlich - inhärent mit der Entwicklung der Solarchemie verbunden [8].

Mit Sonnenlicht betriebene Photochemie ist im Stadium der Grundlagenforschung. Intensiv studierte photochemische Reaktionen erfordern in vielen Fällen energiereicheres UV-Licht, während die photochemische Konversion und Speicherung von Solarenergie, die ihr Intensitätsmaximum im Bereich des sichtbaren Lichtes besitzt, nur ansatzweise entwickelt ist. Für den Ingenieur liegt die besondere Attraktivität darin, daß Strahlung ohne vorherige Konversion in thermische Energie direkt in den chemischen Speicher überführt wird, also - prinzipiell - ein verfahrenstechnischer Schritt eingespart werden könnte. Leider haben die Photochemiker häufig keine Rechenschaft über die Energiebilanz der von ihnen studierten Reaktionen abgelegt [3]. Fragen der Langzeitstabilität, des Wirkungsgrades, der Kapazität und resultierend des Mengenbedarfs an Speichermaterial sind entscheidend für die Praktikabilität photochemischer Energiespeicher [4].

Die biotische Photosynthese ist in der Lage, diffuses Sonnenlicht zu nutzen und in den Pflanzen zur Langzeitenergiespeicherung in Form von Stärke, Fetten, Ölen, Proteinen, Holz und anderen Stoffen zu verwenden. Abiotische Photosynthese, die ebenfalls diffuses Sonnenlicht nutzen könnte, befindet sich im Stadium der Grundlagenforschung. Die attraktivsten Energiespeicherprozesse sind bislang die Wasserspaltung, die Kohlendioxidreduktion und die Stickstoffixierung. Keine dieser Reaktionen ist bis heute mit Sonnenlicht vollständig gelungen, ohne daß nicht auf irgendeine Weise Fremdenergie zugeführt worden wäre (z.B. ein Oxidations- oder Reduktionsmittel, ein Zusatzpotential) [3].

In der konventionellen chemischen Technik werden Aktivierungsbarrieren durch Schwingungsanregung, also thermisch, überwunden, ggf. die thermisch bereitgestellte Energie chemisch gespeichert, und nur wenige photochemische Verfahren, bei denen eine elektronische Anregung der Moleküle erfolgt, werden großtechnisch praktiziert. Über die rein thermische oder Photonenanregung hinausgehend bietet die Solartechnologie das Potential für eine zu entwickelnde solarchemische Technik, bei der die zur Reaktion gebrachten Stoffe gleichzeitig thermisch und photochemisch angeregt werden.

Die Solartechnologie zeichnet sich gegenüber der herkömmlichen Technik dadurch aus, daß sie - im Prinzip - geeignete Hilfsmittel für Hybridreaktionstypen bereitstellt:

- thermisch gestützte photochemische Reaktionen bzw. photochemisch gestützte thermische Reaktionen,

- thermisch gestützte elektrochemische Reaktionen,

- photochemisch gestützte elektrochemische Reaktionen.

Alle diese Hybridprozesse können darüberhinaus in Gegenwart eines Katalysators ablaufen. Eine Vielzahl neuer Wege steht offen. In nur wenigen Forschungslabors werden erste Versuche durchgeführt, es gibt weltweit einen großen F&E-Bedarf. Es ist das Verdienst des Paul Scherrer Instituts (PSI), vom 6.-9. September 1988 im Auftrag der IEA einen IEA-Workshop on Long-Range R&D-Opportunities for Renewable Energy gehalten zu haben, der sich in großen Teilen auf solare Chemie und verwandte Gebiete konzentriert hat [5].

Für die Herstellung zahlreicher wichtiger Chemikalien sowie qualitativ hochwertiger Kraftstoffe sind in der thermischen Reaktionstechnik Katalysatoren unverzichtbar. Die Verwendung von Photokatalysatoren bei der Raumtemperatursolartechnologie wird bereits in grundlegenden Arbeiten untersucht. Hingegen ist über Hochtemperaturphotokatalysatoren - insbesondere solchen für solarchemische Anwendungen - noch fast nichts bekannt.

Mit Hilfe der Solartechnologie kann der Direktstrahlungsanteil des Sonnenlichtes in der Praxis auf Energiestromdichten weit über 1 MW/m^2 konzentriert werden. Konventionell können solche hohen Energiestromdichten nur in elektrischen Lichtbögen erzeugt werden. Es ist noch fast nichts darüber bekannt, ob konzentriertes Sonnenlicht veränderte Reaktionswege eröffnet. Zumindest für den chemischen Verfahrenstechniker bieten diese Energiestromdichten, die um mindestens eine Größenordnung höher sind als die in der konventionellen Verfahrenstechnik gebräuchlichen, die Attraktion, z.B. durch Verkleinerung von Apparaten infolge verminderter Energietransferflächen Verfahrensverbesserungen zu erzielen.

Flächen-, Material- und Kapitalbedarf von solarthermischen Kraftwerken [1]

Unter wirtschaftlichen Gesichtspunkten muß sich ein Solarenergiesystem an den Kriterien konventioneller Systeme messen lassen. Vier Kriterien sollen hier exemplarisch für den bereits intensiver studierten Kraftwerkssektor diskutiert werden. Auch wenn die Randbedingungen nur bedingt übertragbar sind, müssen für die Solarchemie entsprechende Überlegungen angestellt werden: Der Flächenbedarf, der Materialbedarf, der Kapitalbedarf und die Energieintensität (d.h. das Verhältnis der vom Energiewandlungssystem lebenslang abgegebenen Sekundärenergie zu der Energie, die zu seinem Bau und seinem Betrieb über die gesamte Lebensdauer aufzuwenden ist). Diese Überlegungen gelten nicht nur für ein Teilsystem, sondern für die gesamte Energiewandlungskette von der Prospektion bis zur Endlagerung der Reststoffe; an der Kohlenkette erläutert - von der Prospektion über den Abbau der Kohle, ihre kraftwerksgerechte Aufbereitung, die Lagerung, den Transport, dann das eigentliche Kraftwerk, seine Rauchgasbehandlungsanlagen und die umweltgerechte Deponierung von Stäuben, Aschen und Gips; die Rezyklierung aller Anlagenteile an ihrem Lebensende kommt hinzu. Bislang nicht quantifiziert wurde die Abgabe von CO_2 an die Atmosphäre. Bild 5 zeigt qualitativ die Energiewandlungsketten für die fossilen und nuklearen Energiewandlungssysteme sowie für Sonnenenergie und solaren Wasserstoff, jeweils aufgeteilt in die drei Bereiche:

(1) Gewinnung und kraftwerksgerechte Bereitstellung des Energierohstoffs

(2) Primär/Sekundärenergiewandlung (Kraftwerk), Sekundärenergie/Nutzenergiewandlung

(3) Rest- und Schadstoffbereich.

Bei den solaren und Wasserstoffenergiesystemen kommen die Bereiche 1 und 3 nicht vor (Ausnahme Demineralisierung von Wasser). In dem Bereich 2, dem eigentlichen Kraftwerk, der Speicherung und dem Transport der Sekundärenergie sowie deren Wandlung in Nutzenergie, haben die Sonnenkraftwerke aber ihren kritischen Punkt.

Infolge der verdünnten Solarstrahlung liegt der Flächenbedarf von Solarkraftwerken um etwa zwei bis drei Größenordnungen über dem konventioneller Kraftwerke (Bild 6). An der Flächenintensität von Solarkraftwerken kann man nicht viel ändern, da die Insolation von der Natur vorgegeben wird. Es in der Hand von Ingenieuren, den gegenüber konventionellen Kraftwerken noch um 1 bis 1 1/2 Größenordnungen höheren Materialbedarf von Solarkraftwerken (Bild 7) durch geschickte Systemtechnik, Erhöhung der Einheitsleistung und vor allem durch Leichtbau von Kollektoren zu verringern. In der Reduzierung der spezifischen Gewichte von Heliostaten oder Paraboloiden wurde schon viel erreicht (Bild 8 und 9). Die Entwicklung ist noch nicht zu Ende.

Die Bilder 10 und 11 zeigen, daß einerseits der Energieaufwand für den Bau und die Erstausstattung konventioneller Kraftwerke ebenso wie derjenige für die Brennstoffver- und -entsorgung von Solarkraftwerken fast vernachlässigbar klein ist. Andererseits weisen Solarkraftwerke hohe Energieamortisationszeiten auf, und konventionelle Kraftwerke haben hohe, ganz und gar nicht zu vernachlässigende Energieaufwendungen für die Primärenergieaufbereitung und umweltgerechte Deponierung von Rest- und Schadstoffen. Werden die beiden Effekte Energie für Technologien und Energie für Brennstoffe sowie Rest- und Schadstoffe im Energieerntefaktor kombiniert, so zeigt sich, daß Laufwasserkraftwerke konkurrenzlos gut dastehen, Kohlekraftwerke ihrer hohen Schadstoffhaltigkeit wegen abgeschlagen sind, schließlich Kernkraftwerke und Sonnenkraftwerke aber soweit auseinander nicht liegen. Es kann erwartet werden, daß dieser Vergleich in Zukunft eher noch zugunsten der Sonnenkraftwerke und zu Lasten der fossilen und nuklearen Kraftwerke ausgehen wird in dem Maße, in dem auf der einen Seite die Materialintensität der Solarkraftwerke verringert und die Lebensdauer erhöht wird, und auf der anderen Umwelt- und Sicherheitsaufwendungen für die konventionellen Kraftwerke deren Energieerntefaktor weiter mindern werden. Dieser Zeitpunkt wird sicherlich nicht vor einigen Jahrzehnten von heute erreicht werden.

Der Kapitalbedarf für den Primärenergiebereich und den Rest- und Schadstoffbereich von Solarkraftwerken ist Null, und der spezifische Kapitalbedarf für das eigentliche Kraftwerk ist im Zuge der Entwicklungsfortschritte der letzten 12 Jahre beeindruckend rasch gesunken. Er liegt heute nicht mehr um Größenordnungen, sondern allenfalls noch um Faktoren über dem konventioneller Kraftwerke (Bilder 12 und 13).

Solarkraftwerke zeichnen sich dadurch aus, daß die Bauzeiten kurz sind (z.B. 30 MW_e zwischen 12 und 18 Monaten). Das zu Beginn aufzubringende Kapital ist nur eine relativ kurze Zeitspanne lang zu verzinsen, bevor es "zu arbeiten", beginnt. Außerdem sind sie von den Energierohstoffmärkten unabhängig.

Ausblick

Ein wichtiger Unterschied zwischen solarthermischen Kraftwerken und solarchemischer Energiewandlung sollte nicht übersehen werden: Solarthermische Kraftwerke sind technisch so weit entwickelt, daß sie - sofern die Rentabilität stimmt - großtechnisch eingesetzt werden können. Hingegen befindet sich die Solarchemie im wesentlichen im Stadium der Grundlagenforschung. Es wäre verhängnisvoll, kurzfristig zu viel zu erwarten, und unredlich, zu viel zu versprechen. Solange die prinzipielle Eignung einer attraktiv erscheinenden solarchemischen Anwendung sowohl durch die Grundlagenforschung als auch durch Pilotexperimente im Technikumsmaßstab noch nicht hinreichend gesichert ist, sollten Wirtschaftlichkeitsbetrachtungen erst in zweiter Linie berücksichtigt werden. Es geht um langfristige Perspektiven, die auch im Falle ihres Erfolges noch ein bis mehrere Jahrzehnte an anspruchsvoller Forschung und Entwicklung benötigen, bis sie technische Reife erlangt haben werden [2].

Auf den Erfahrungen aufbauend, die mit solarthermischen Experimentalkraftwerken gewonnen wurden, muß **der nächste Schritt** getan werden. In den kommenden Jahren ist es die Aufgabe der **Solarchemie**-Forschung, geeignete chemisch-technische Prozesse an die Spezifika des solaren Strahlungsangebotes anzupassen oder umgekehrt das spezifische solare Strahlungsangebot an geeignete chemische Reaktionen. Kenner solarer Technologien müssen mit Chemikern zusammenkommen, Photochemiker mit Verfahrenstechnikern.

Ausgewählte Literatur:

1 C.-J. Winter,
Solarthermische Kraftwerke - Für die Exportwirtschaft eines europäischen Industrielandes.
in VDI Berichte 704, Düsseldorf 1988. sowie dort zitierte Literatur.

2 P. Kesselring,
Langfristige Aussichten der solaren Hochtemperaturtechnik.
Nachtrag zum VDI Bericht 704, Düsseldorf 1988.

3 G. Calzaferri, L. Forss, W. Spahni,
Photochemische Umwandlung und Speicherung der Sonnenenergie.
Chemie in unserer Zeit 21 (1987) 161-174.

4 H.-D. Scharf, J. Fleischhauer, H. Leismann, I. Ressler, W. Schleker, R. Weitz,
Kriterien für Wirkungsgrad, Stabilität und Kapazität abiotischer photochemischer Solarenergiespeicher.
Angewandte Chemie 91 (1979) 696-707.

5 P. Kesselring (ed.),
Long-Range R&D Opportunities for Renewable Energy., Proceedings of an IEA-Workshop, Charmey, Switzerland, September 6-9, 1988, IEA (1989).
Sonderdruck aus: Chimia 43 (1989) 194-242.

6 U. Schöffel, R. Sizmann,
Optimization of High Flux Density Terminal Concentrators.
ISES Solar World Congress 1989, Kobe, Sept. 4-8 1989, Japan.

7 G. Lensch, P. Lippert, W. Rudolph, A. Grychta,
Investigation and selection of materials resistant to temperatures and radiation to design and construct a ceramic/ metallic-ceramic secondary concentrator.
Final Report DFVLR Contr. Nr. 5-370-4355 1989.

8 A. Ritter,
Energiespeicherung in chemischer Form.
in: M. Becker, K.-H. Funken (Hrsg.), Solarchemische Technik, Bd. I Grundlagen der Solarchemie., Springer-Verlag, Berlin (1989).

9 H. Tributsch,
Klassifizierung und Perspektiven photochemischer und thermo-photochemischer Prozesse.
in: M. Becker, K.-H. Funken (Hrsg.), Solarchemische Technik, Bd. I Grundlagen der Solarchemie., Springer-Verlag, Berlin (1989).

10 R. Memming,
Nutzung von Solarenergie mittels photoelektrochemischer Prozesse.
in: M. Becker, K.-H. Funken (Hrsg.), Solarchemische Technik, Bd. I Grundlagen der Solarchemie., Springer-Verlag, Berlin (1989).

Bild 1: Solarturm-Kraftwerke (Versuchs- und Demonstrationsanlagen)

oben links: SSPS-Anlage, Plataforma Solar de Almeria, Spanien (0,5 MW_e), oben rechts: CESA-1-Anlage, Plataforma Solar de Almeria, Spanien (1 MW_e), unten links: Solar One, Barstow, Kalifornien, U.S.A. (10 MW_e), unten rechts: Eurelios, Adrano, Italien (1 MW_e)

Bild 2: LUZ-Solarfarm-Kraftwerke, SEGS I und II, Daggett, Kalifornien, U.S.A., zusammen 43,8 MW_e, 272.000 m^2 Spiegelfläche

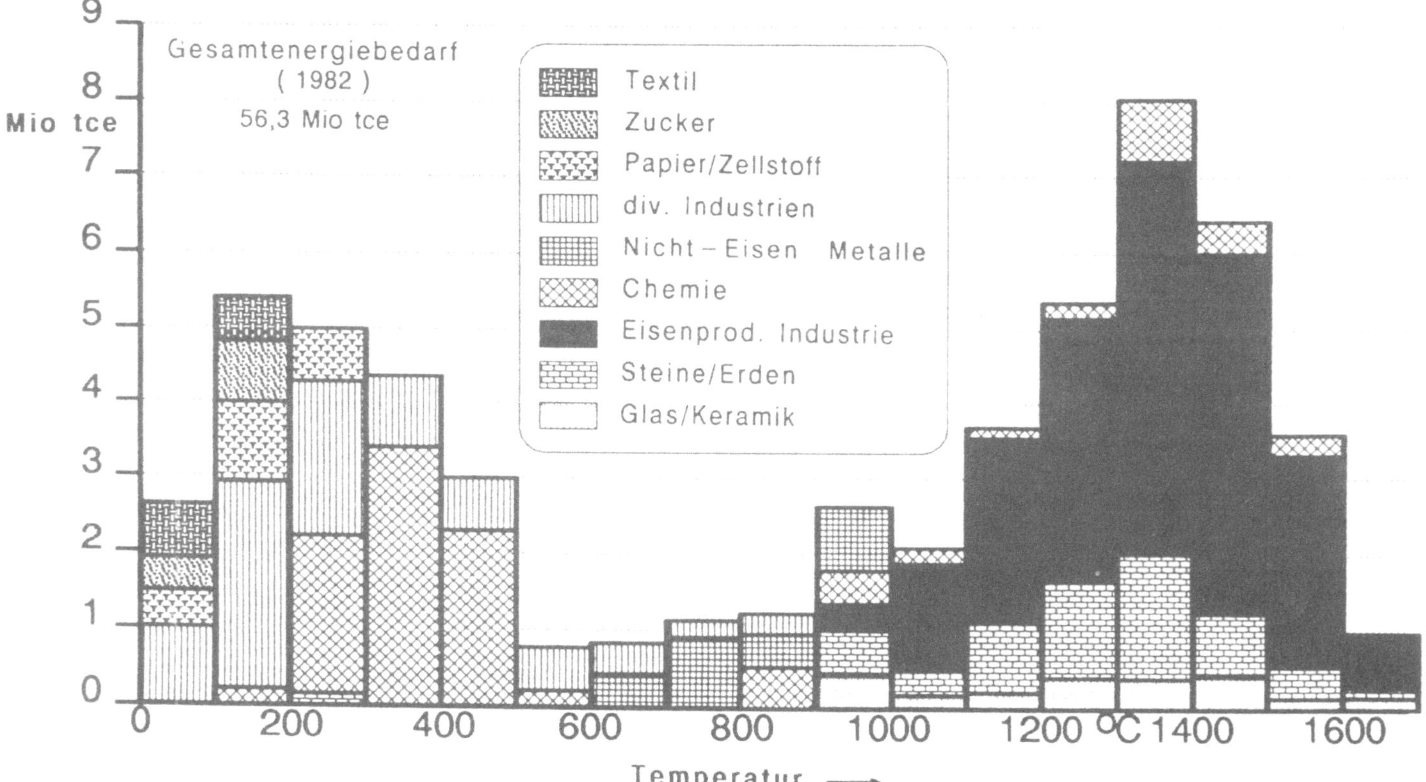

Quelle: F f E (1984)

Bild 3: Endenergiebedarf für industrielle Prozeßwärme in der Bundesrepublik Deutschland (1982)

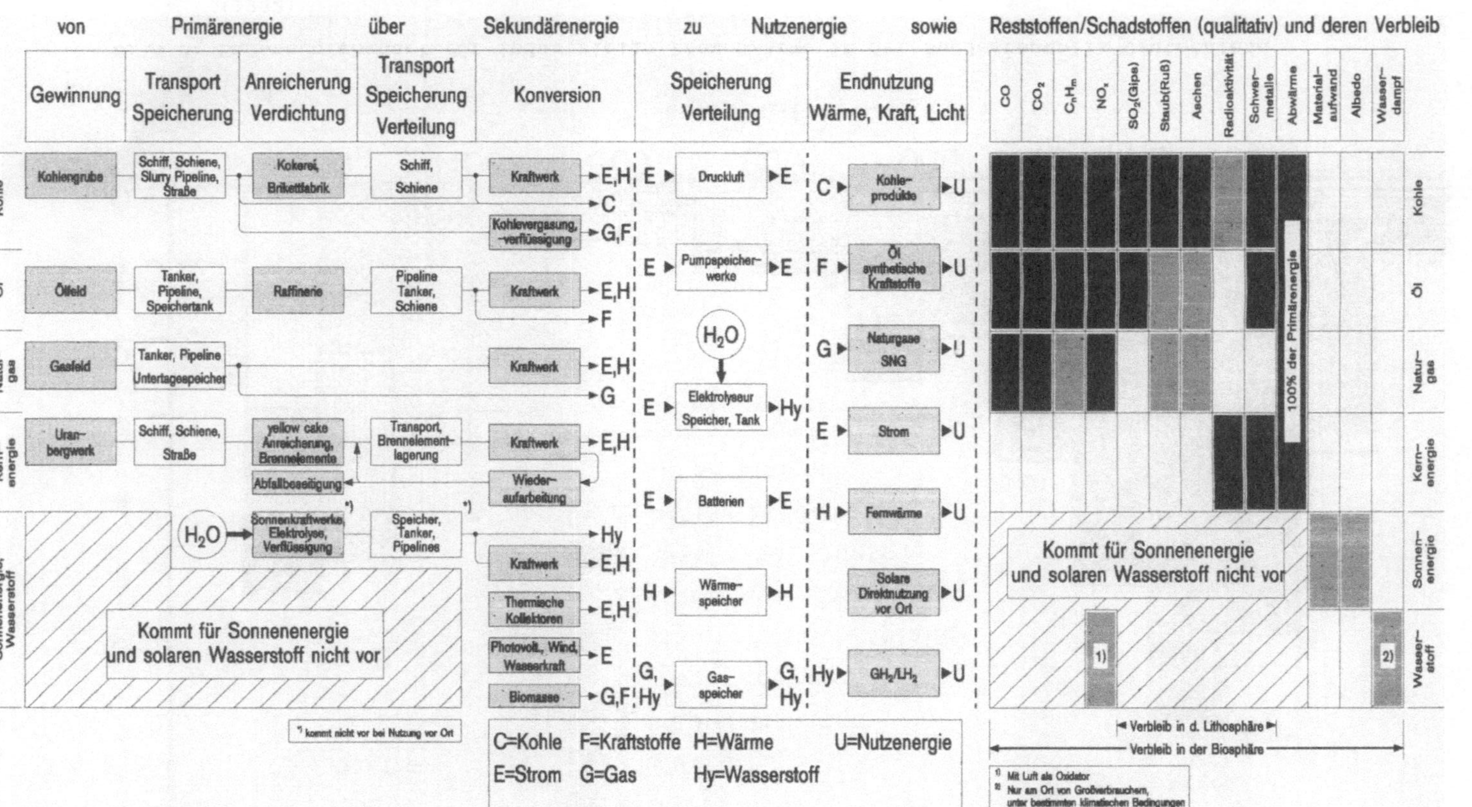

Bild 5: Energiewandlungsketten

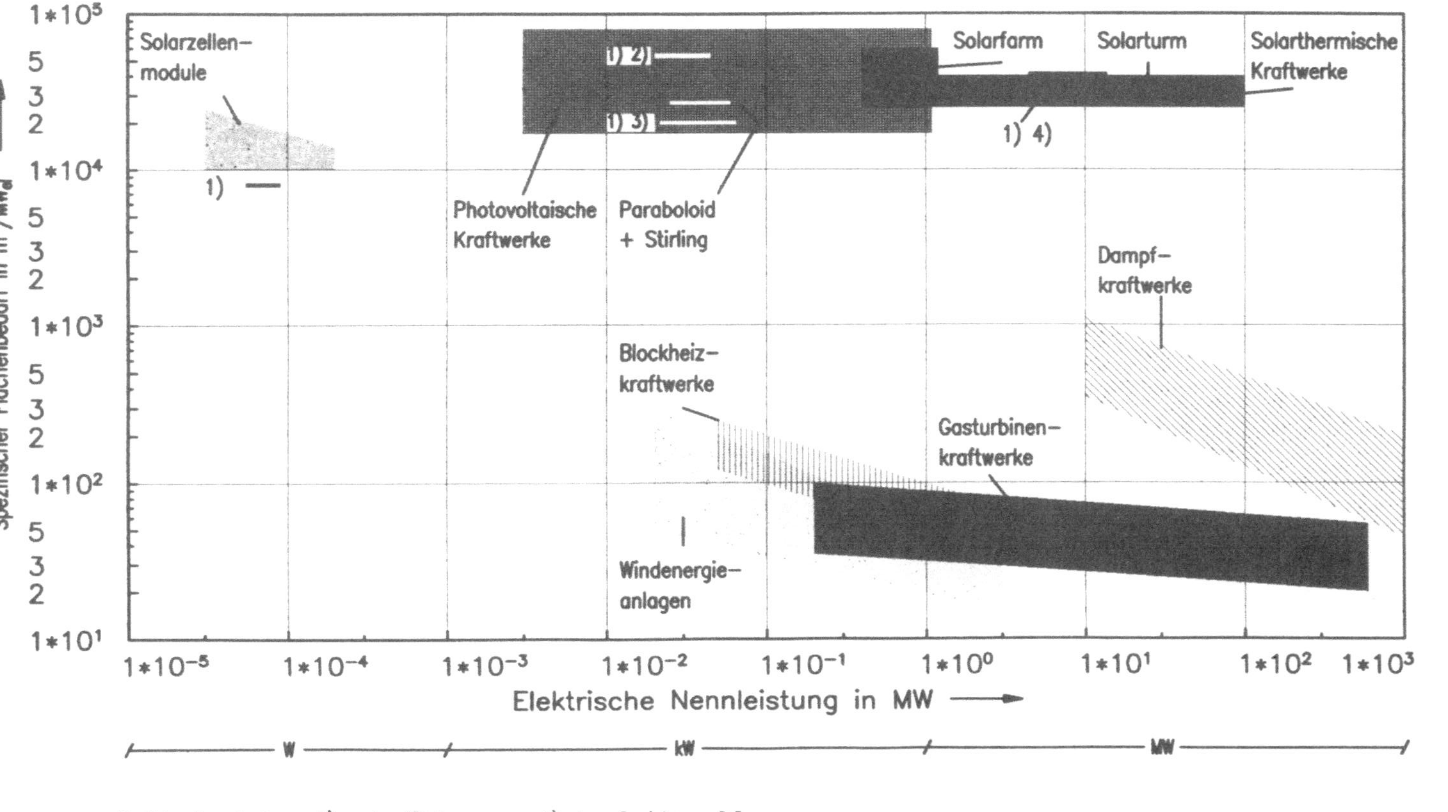

n. H. Schaefer et al.
1) n. C. Voigt
2) nachgeführt
3) ohne Nachführung
4) ohne Speicher * 0.5

Bild 6: Spezifischer Flächenbedarf von Kraftwerken

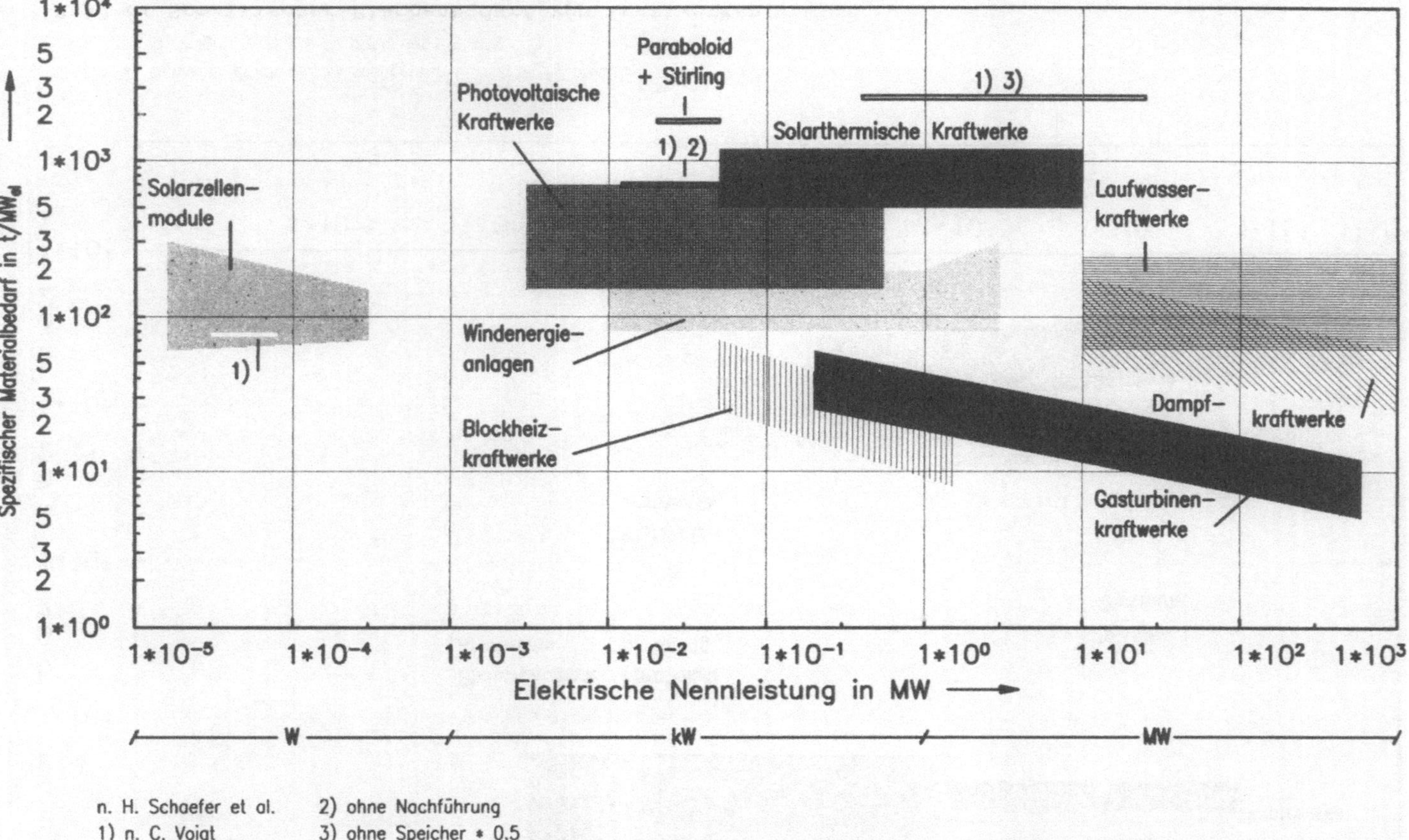

Bild 7: Spezifischer Materialbedarf von Kraftwerken (ohne Gebäude und Fundamente)

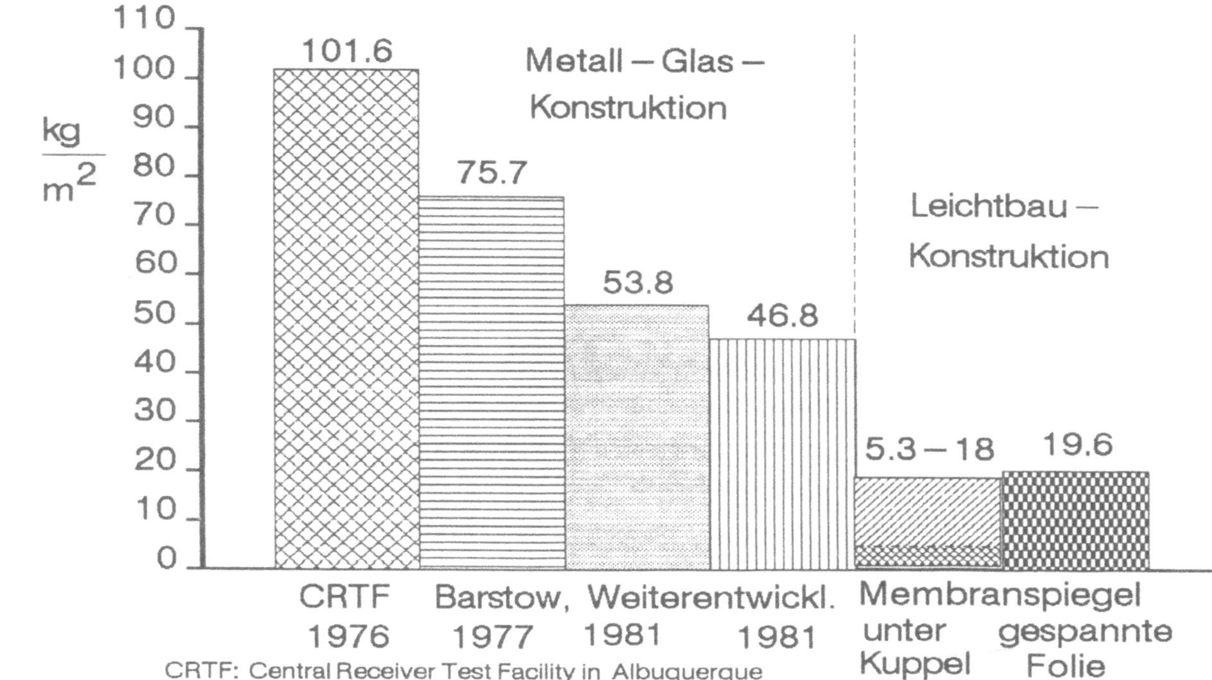

Bild 8: Entwicklung von Heliostat-Massen (bezogen auf Netto-Spiegelfläche)

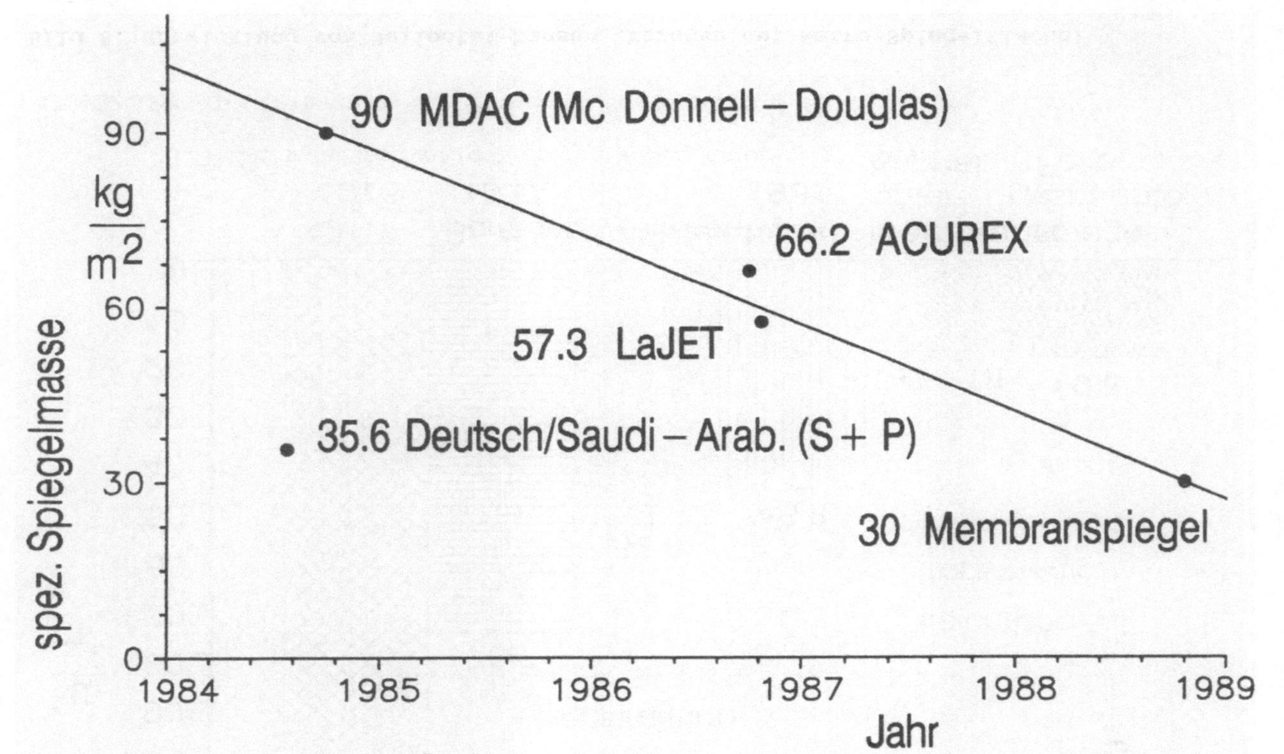

Quelle: SERI (1987)

Bild 9: Entwicklung von Parabolspiegel-Massen

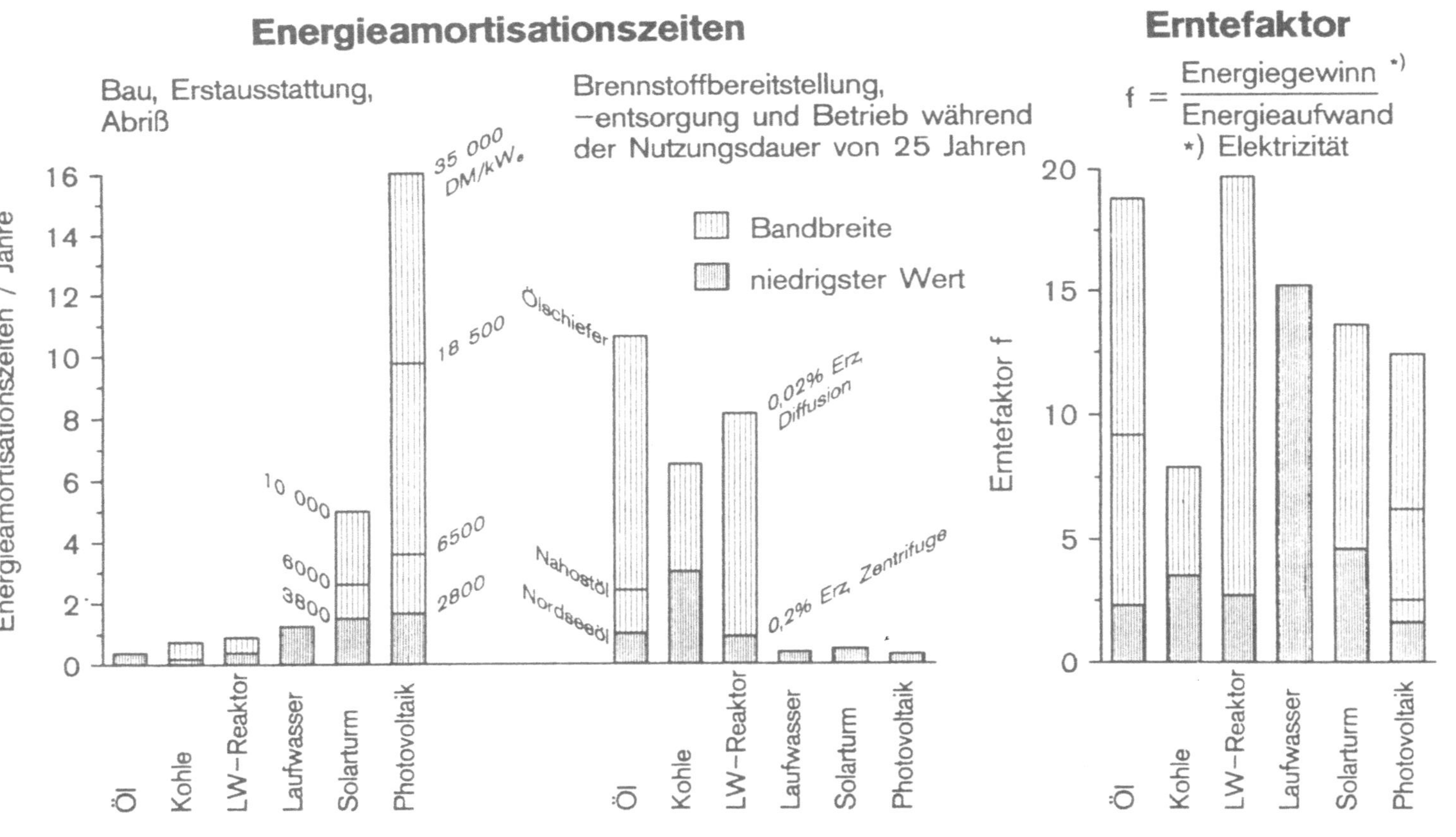

Quellen : Rotty 1975; Moraw 1977; Meyers 1988; Wagner 1978, 1986; Enger 1979; Sandia 1981; Heinloth 1983; Voigt 1984, 1988; Aulich 1986.

Bild 10: Nettoenergieanalyse von Energiewandlungsketten

Kraftwerktyp	Nenn-last-stunden h/a	**Energieamortisationszeiten** (Jahre) für Bau, Erstausstattung, Abriß	für Brennstoff-bereitstellung, -entsorgung und Betrieb (je Jahr)	**Erntefaktor** f = Energiegewinn / Energieaufwand (Nutzungsdauer 25 Jahre)	Ausblick
Öl	7000	0,36	0,04[1)] – 0,42[2)]	19 – 2	Tendenziell schlechter
Kohle	7000	0,23 – 0,28	0,12 – 0,18	8 – 5	
Leichtwasser-reaktor	7000	0,37 – 0,88	0,04[3)] – 0,18[4)]	20 – 3	
Laufwasser	7000	1,26	0,015	15	
Windkonverter	2500	0,8	0,020	19	
Solarturm	3400	5,00[5)] – 1,48[6)]	0,018	5 – 16	Tendenziell besser
Photovoltaik	2200	15,75[7)] – 1,65[8)] → Technische Entwicklung	0,014	1,5 – 12	

Energieaufwand ≙ Primärenergieäquivalent ; Energiegewinn ≙ Elektrizität
Für Energiegewinn ≙ Primärenergieäquivalent gilt $f' = f/\eta_{el}$

1) Nordseeöl 2) Ölschiefer 3) 0,2% Erz, Zentrifuge 4) 0,02% Erz, Diffusion
5) 10 000 DM/kW_N 6) 3800 DM/kW_N 7) 35 000 DM/kW_N 8) 2800 DM/kW_N

Quellen : Rotty 1975; Moraw 1977; Meyers 1988; Wagner 1978, 1986; Enger 1979; Sandia 1981; Heinloth 1983; Voigt 1984, 1988; Aulich 1986.

Bild 11: Energieaufwand für Energiewandlungsketten

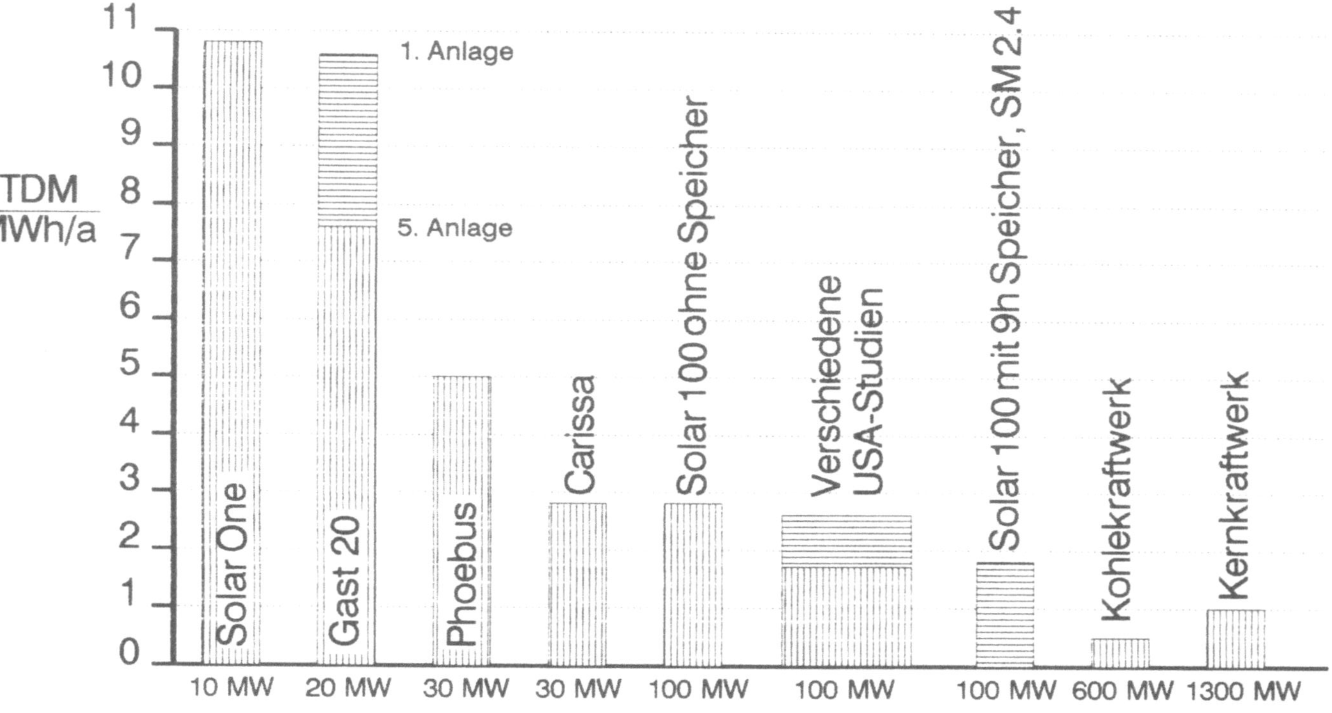

Bild 13: Investitionskosten/Jahresenergieerzeugung von solarthermischen und konventionellen Kraftwerken

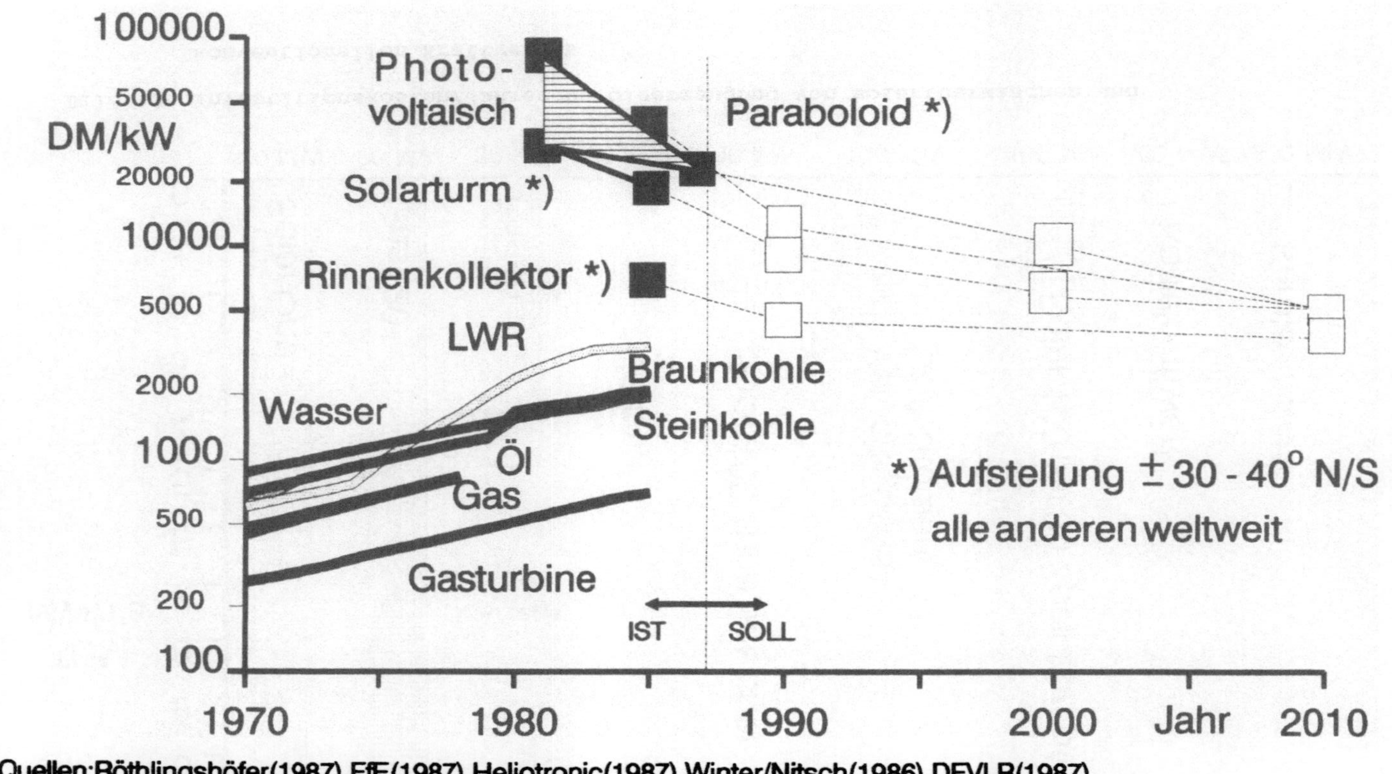

Quellen: Röthlingshöfer(1987), FfE(1987), Heliotronic(1987), Winter/Nitsch(1986), DFVLR(1987), L.M.Magid(1983), M.Wool(1983), Siemens(1988), Lud.Bölkow-Stift.(1988), Utility Study(1987)

Bild 12: Spezifische Investitionen von Kraftwerken bei Inbetriebnahme

SOLARTHERMISCHE TECHNOLOGIE

M. Becker
DLR, MD-ET
5000 Köln 90

1. Einführung

Die von der Sonne abgestrahlte Energie kann auf der Erde in thermische, chemische oder elektrische Form gewandelt werden. Neben dem natürlichen bzw. biologischen Weg bieten sich die Möglichkeiten der technischen Nutzung an. Der Einsatz von Solarenergie zum Antrieb elektrizitätserzeugender Kraftwerksanlagen liegt nahe, weil Technologie und Infrastruktur dazu vorhanden sind. Der überwiegende Anteil der Anwendungen aber ist thermischer Art. Dabei gibt es zwei bevorzugte Bereiche, den der Prozeßwärmenutzung in der Größenordnung von 100°C und den der endothermen Reaktionen chemischer Prozesse in der Größenordnung von 1000°C. Deswegen erscheint es logisch, die Nutzung solarthermischer Energie genauer zu untersuchen.

Die Problematik bei der Nutzung der Sonnenenergie ist durch drei Tatsachen skizziert:

- Die Sonnenenergie ist nach menschlichen Gesichtspunkten unerschöpflich; die Qualität der uns erreichenden Energie ist von höchster Qualität (Ursprung ca. 5700°C). Der technisch nutzbare Anteil (Exergie) ist beträchtlich.

- Die in Sonnennähe vorliegende Energiedichte von ca. 64 MW/m^2 ist in Erdnähe auf ca. 1,4 kW/m^2 "verdünnt". Zur technischen Nutzung muß diese geringe Energiedichte durch geeignete technische Hilfsmittel konzentriert werden. Das ist technisch möglich.

- Unser Tag/Nachtzyklus verursacht durch intermittierende Energielieferung die eigentliche Schwierigkeit bei der Nutzung, die es durch Auswahl unterbrechbarer Prozesse, Speicherentwicklung oder Hybridstrategien zu meistern gilt (Bild 1).

In den letzten zehn Jahren ist in Almería mit dem IEA-SSPS-Projekt in internationaler Kooperation (Belgien, Bundesrepublik Deutschland, Griechenland, Italien, Österreich, Schweden, Schweiz, Spanien, Vereinigte Staaten von Amerika) gezeigt worden, daß die solarthermischen Technologien der Farm- und Turmanlagen in hervorragender Weise geeignet sind, thermische, elektrische und morgen auch chemische Energie bereitzustellen. Die Anlagen in Almería werden seit 1987 als das europäische Testzentrum der Solarthermie betrieben (Bild 2). Die gegenwärtigen Planungen im Rahmen der "Plataforma Solar de Almería 2000" erweitern das Spektrum ganz wesentlich zur Photovoltaik und Niedertemperaturentwicklung und damit zum umfassenden Solarzentrum.

Der vorliegende Beitrag beschreibt aus den Erfahrungen der bisherigen Entwicklungsarbeiten in Almeria und den USA den Stand der solarthermischen Technologien. Sie sind die Voraussetzungen für die Verwendung der konzentrierten Sonnenstrahlung in elektrizitätserzeugenden Anlagen sowie als Prozeßwärme bzw. zum Antrieb thermochemischer und/oder photochemischer Prozesse.

Die ersten Ergebnisse solarthermischer Kraftwerksanlagen sind technisch und wirtschaftlich in den Tabellen 1 und 2 zusammengestellt worden.

2. Status der Technologie

Drei Subsysteme bzw. Komponenten bilden die Elemente der angestrebten technologischen Entwicklung: Konzentratoren,

Empfänger, Speicher. Die bisher in großer Zahl hergestellten konzentrierenden Kollektoren und Heliostate konnten ständig verbessert und gleichzeitig nach den Methoden der Serienfertigung deutlich verbilligt werden (2000 -> 400 DM/m^2). Bild 3 beschreibt die Entwicklung der Konzepte in den letzten zehn Jahren. Bild 4 ist eine Aufnahme der in Almeria und Barstow verwendeten Heliostate, Bild 5 beschreibt eine sehr interessante Entwicklung (technisch und wirtschaftlich).

Bei den Energie empfangenden Receivern sind wegen der geringen Stückzahlen, die hier benötigt werden, keine Kostenreduktionen über Gesichtspunkte der Massenfabrikation erreicht worden. Vielmehr werden hier alternativ zu der bisher verwendeten Technologie der Rohr-Wärmetauscher andere Techniken der Wärmeübertragung untersucht, die mit den Stichworten "volumetrisch" bzw. "direkt-absorbierend" beschrieben werden können (Bild 6).

Drei wichtige Ergebnisse der Receivertechnologie sind in den Bildern 7, 8 und 9 beschrieben mit

- maximalen Wärmestromdichten bis 2,5 MW/m^2 bei Verwendung von Natrium als Wärmeträger und Temperaturen bis 530°C (Bild 7),
- maximalen Temperaturen bis 1000°C bei Verwendung von Luft als Wärmeträger und keramischen Materialien für die Rohre (Bild 8),
- neuem volumetrischen Konzept, das zu modularer Leichtbauweise ohne Leckprobleme führen wird (Bild 9).

Die Entwicklung von Speichern berührt das oben erläuterte wichtige Grundproblem der Solartechnik. Die zeitlich veränderliche Sonneneinstrahlung muß auf der Verbraucherseite zu Maßnahmen führen, die mit den Stichworten: Akzeptanz, Hybridbetrieb oder Speicher erläutert sind. Die Entwicklung von thermischen (sensibel oder latent) bzw. chemischen Speichern ist eine wichtige Aufgabe der Zukunft.

3. Solarchemische Nutzung

Die Möglichkeiten der Nutzung radiativer und thermischer Energie für technische Anwendungen sind in den Bildern 10 und 11 beschrieben. Die Thermochemie (Bild 10) beinhaltet verfahrenstechnische Vorgänge, bei denen endotherme Reaktionen mit Sonnenenergie angetrieben werden können. In der Photochemie kann man die im Sonnenlicht enthaltenen Photonen hoher Energiedichte (UV-Licht) einsetzen, um einen besonders günstigen Reaktionsverlauf einzuleiten. Die Elektrochemie ist mit dem Stichwort Photovoltaik charakterisiert. In Bild 11 werden einige wichtige Hochtemperaturprozesse aufgelistet, die das Potential für solarchemische Anwendungen besitzen.

Bei der chemischen Nutzung solar erzeugter Hochtemperaturwärme wird die konzentrierte Sonnenenergie im Regelfall zur Erwärmung der Reaktionspartner auf die benötigte Reaktionstemperatur benutzt und dann als Reaktionswärme für den endothermen Vorgang bereitgestellt.

Von besonderem Interesse sind gegenwärtig Prozesse der Methanreformierung, weil hier die nötige verfahrenstechnische Kenntnis aus konventionellen Herstellungsverfahren für Synthesegas vorliegt. Bei Verwendung dieses Prozesses wird man schnell zu den charakteristischen Kopplungsproblemen (instationäre Sonneneinstrahlung und möglichst konstanter Chemiebetrieb) vorstoßen, die durch Analysen, Laborexperimente und Feldtests zu untersuchen sind.

Die Bilder 12 und 13 zeigen die prinzipielle Integration der Methanreformierung in die solaren Möglichkeiten sowie den Prozeßfluß für das geplante Almeria-Experiment. Weitere Möglichkeiten zur Wasserstofferzeugung sind in den Bildern 14 und 15 skizziert. Es handelt sich dabei um den Schwefelsäure-Jod Prozeß zur thermischen Wasserstoffkonversion sowie um die Hochtemperatur-Dampfelektrolyse (HOT ELLY).

4. Nötige Untersuchungen

Letztlich wird man zur Auswahl eine große Anzahl von Anwendungsmöglichkeiten bewerten. Dabei werden Kriterien, die bei der Auswahl chemischer Reaktionen gelten sollen, definiert, wie z.B:

- eine hohe Effizienz des Gesamtsystems, insbesondere der energiekonzentrierenden und empfangenden Komponenten,
- ein hoher Anteil der Reaktionsenergie am gesamten Energieinhalt,
- eine Produktion hochwertiger Endprodukte,
- ein Potential zu Speicherung und Transport.
- eine Solarisierung der fraglichen Hochtemperaturprozesse mit wirtschaftlich zu vertretender Unterbrechbarkeit,
- eine Beteiligung photochemischer Effekte am thermochemischen Prozeß zur besseren Nutzung des gesamten Strahlungsspektrums einschließlich der Photonen höherer Energie im ultravioletten Wellenbereich,

Zur weiteren Entwicklung dieser Forschungsrichtung werden folgende Möglichkeiten der Bearbeitung diskutiert:

A) Verwendung vorhandener verfahrenstechnischer Technologien (z.B. Methanreformierung) und Lösung der charakteristischen Kopplungsprobleme zwischen instationärer Sonnenenergie und aufnehmendem Prozeß
(als Demonstration von Problemlösungen).

B) Suche nach unterbrechbaren Vorgängen (z.B. Pyrolyse oder Detoxifizierungsreaktionen) und deren Anpassung an solare Gegebenheiten
(als Forschungs- und Entwicklungsaufgabe).

C) Pilotexperimente, die in kommerzielle Größen skalierbar sind und Potential zu Speicherung und Transport besitzen (z.B. Wasserstofferzeugung)
(als Vorbereitung der Industrie auf Marktmöglichkeiten).

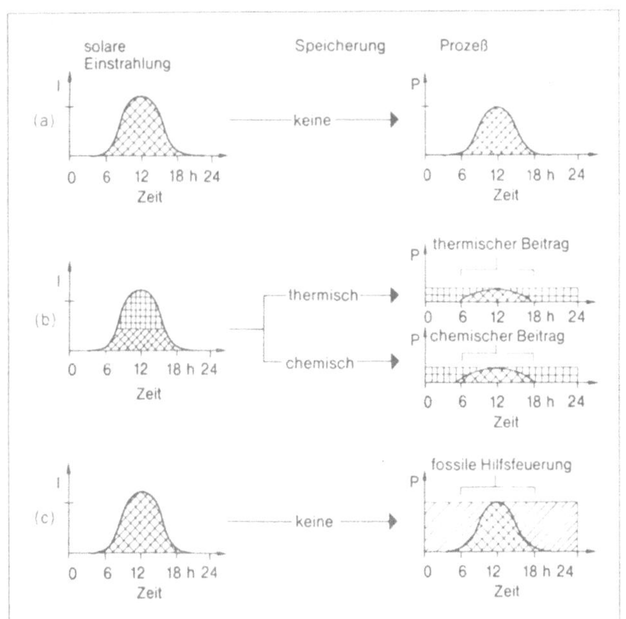

Bild 1: Kopplung der instationären Sonnenenergie mit einem konstant ablaufenden Prozeß (DLR-Köln)

Bild 2: Das europäische Zentrum der Sonnenenergieforschung in Südspanien "Plataforma Solar de Almería" (PSA)

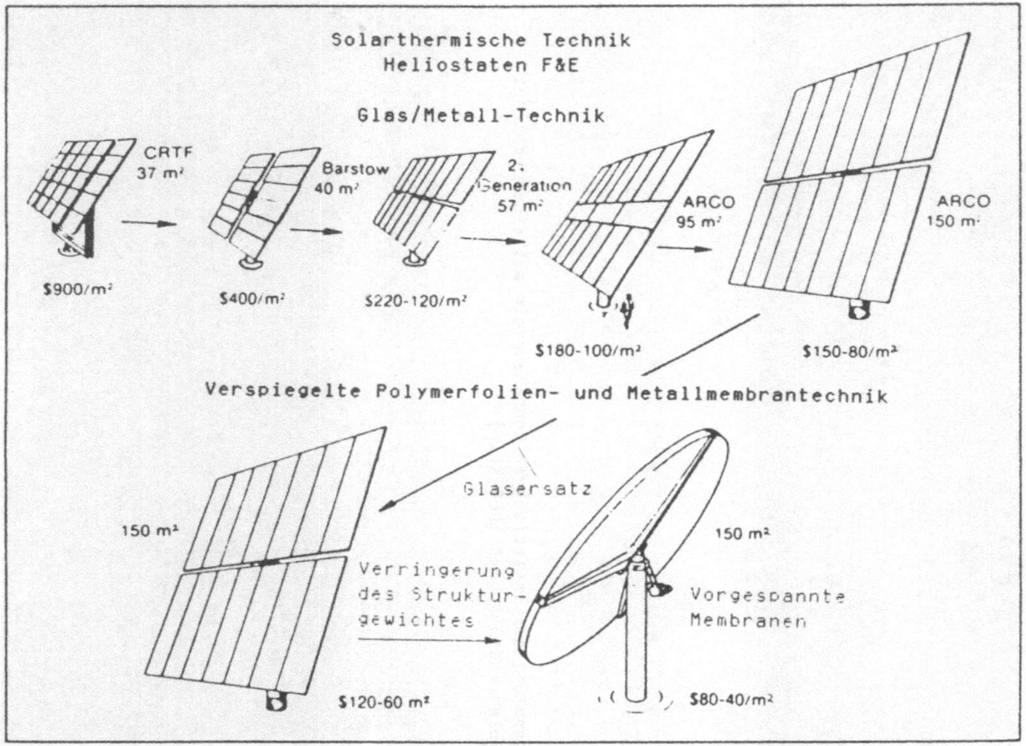

Bild 3: Konzepte und Kosten von 10 Jahren Heliostat-Entwicklung (SANDIA)

Bild 4: Heliostate in Almería und Barstow, Kalifornien (Martin Marietta)

Bild 5: Stressed Membrane Heliostat (SANDIA)

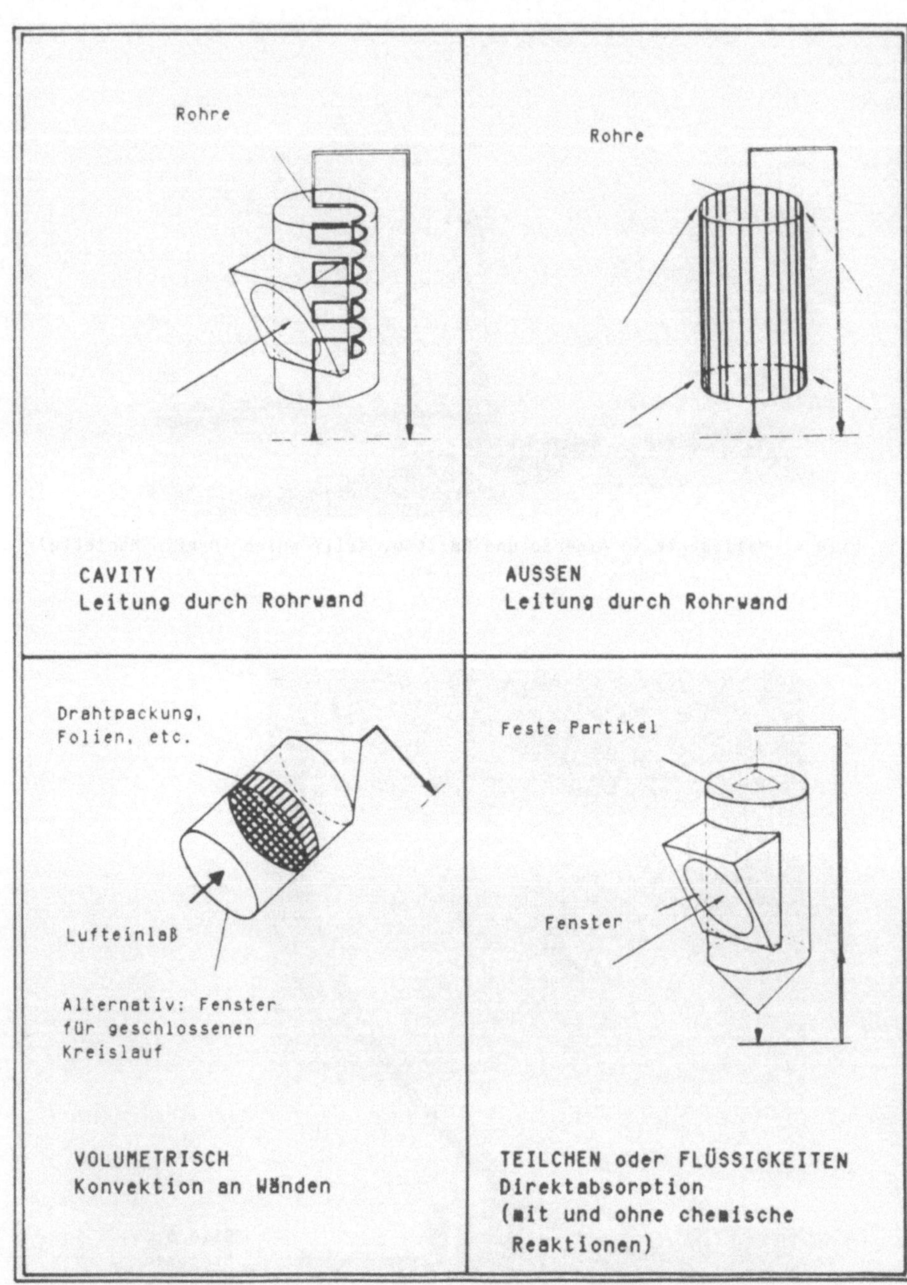

Bild 6: Grundlegende Receiverkonzepte (DLR-Köln)

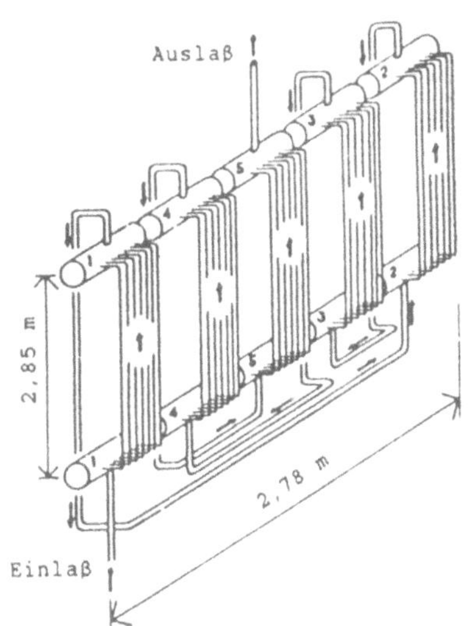

Apertur-Fläche	7,9 m²
5 Panels mit jeweils 39 Rohren (Rohr: 14 ø, 1 mm, AISI 316 L)	
Gesamt-Rohrlänge	23,5 m
Gesamt-Rohrgewicht	300 kg
Beschichtung: Pyromark	2500
Einstrahlungsdichte:	
Spitzenwert	1,38 MW/m²
Durchschnittswert	0,35 MW/m²
Einlaß-/Auslaßtemperatur	270/530°C
Massenstrom (Auslegung)	7,3 kg/s
Druck	6 bar
Druckverlust	1,5 bar
Leistung Einlaß/Auslaß	2,8/2,5 MW

"Advanced Sodium Receiver" (Extern): ASR

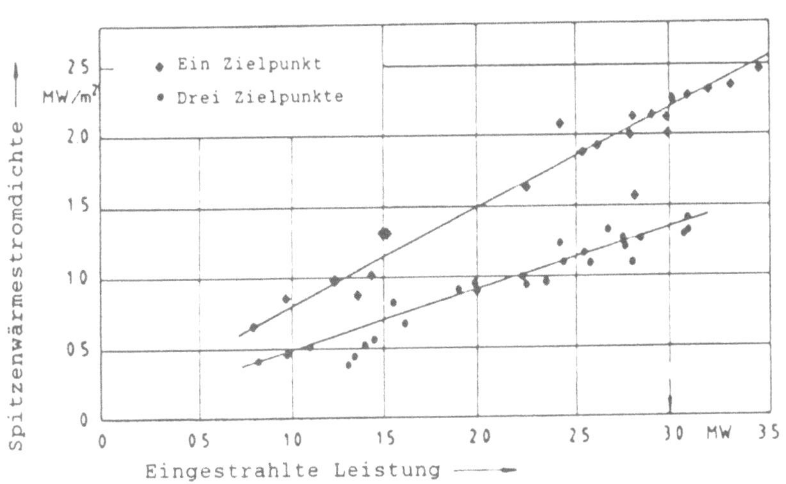

Bild 7: Rohr-Receiver mit Natrium als Medium
Maximale Wärmestromdichten mit 2,5 MW/m² (DLR)

GAST-Receiver-Element in Almeria getestet (metallisch und keramisch; 18 bzw. 12 Rohre; 42 mm Durchmesser; 8 m bzw. 4,5 m bestrahlte Länge

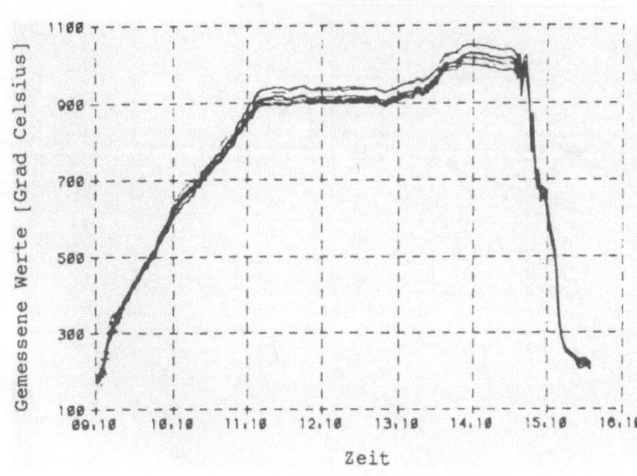

Temperaturverläufe von 4 Rohren Maximaltemperatur 1000°C

Bild 8: Rohr-Receiver mit Luft als Medium
Maximale Gasaustrittstemperaturen mit 1000°C (Interatom/MAN)

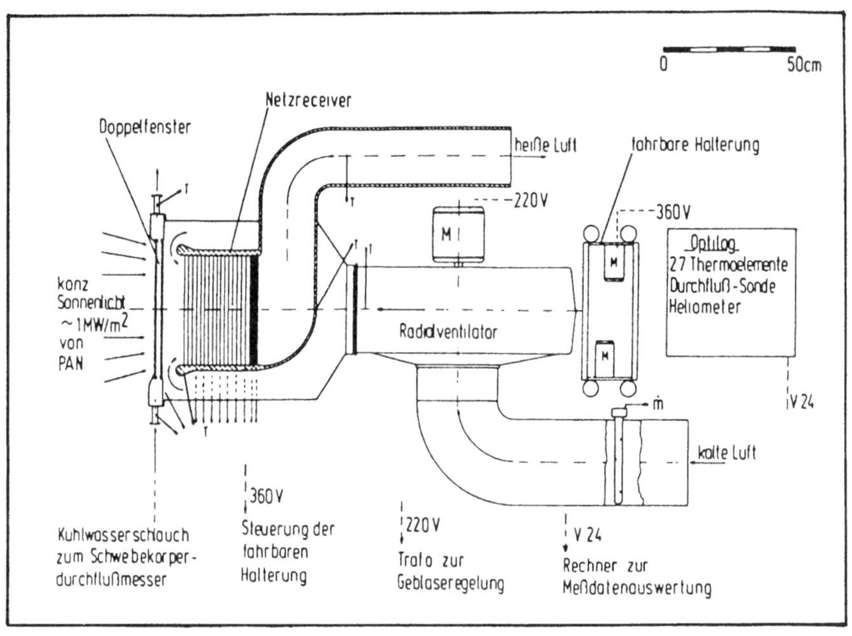

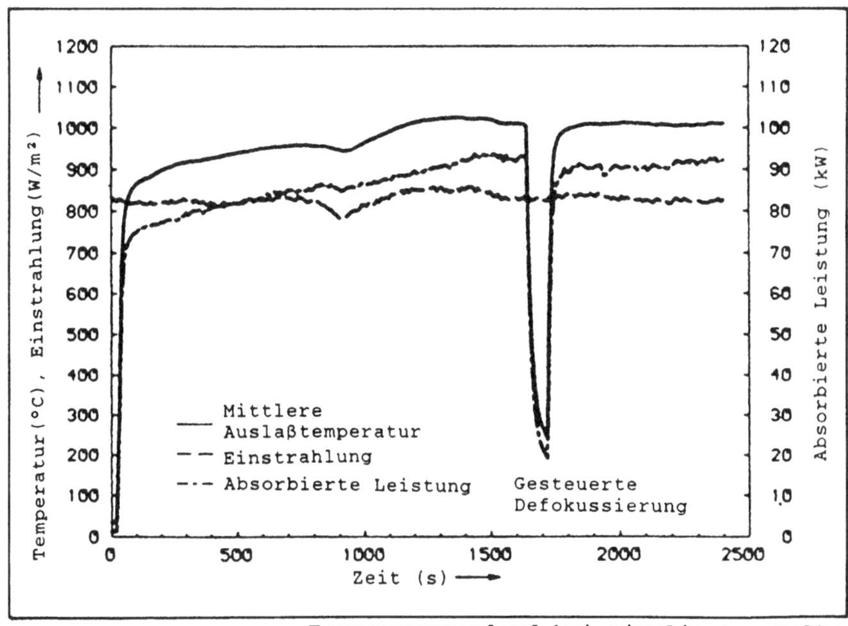

Temperaturverlauf bei simulierter Wolke

Bild 9: Volumetrische Receiver mit Luft als Medium
Leichtbauweise und Hochtemperatur (DLR-Stuttgart)

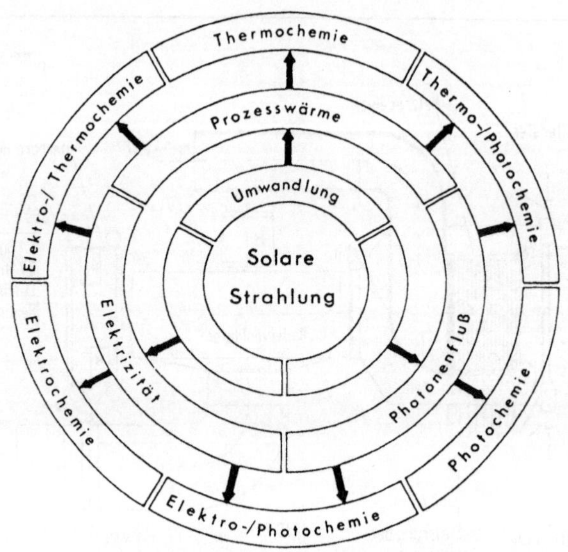

Bild 10: Möglichkeiten der Anwendungen von Sonnenenergie in Thermochemie, Photochemie und Elektrochemie (Uni München, Prof. Sizmann)

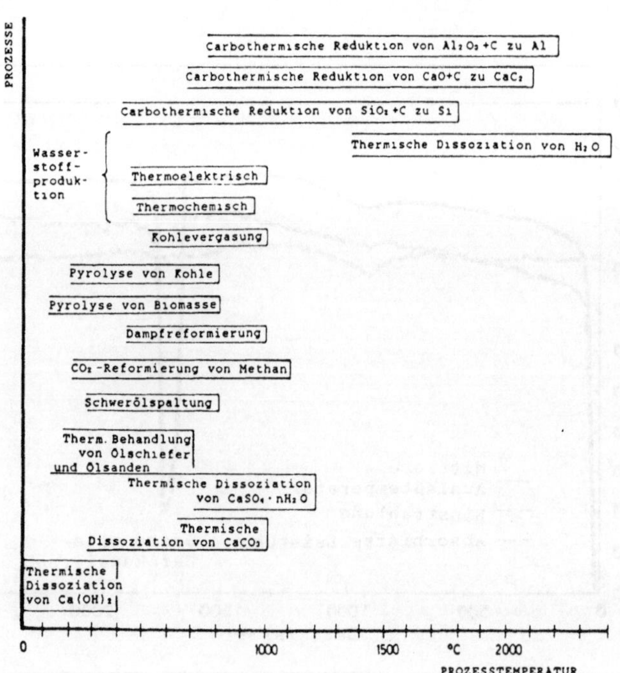

Bild 11: Prozeßbeispiele für thermochemische Nutzungen (DLR-Köln)

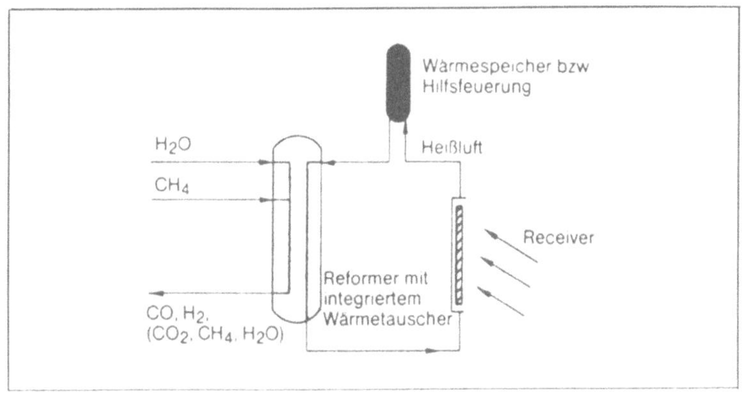

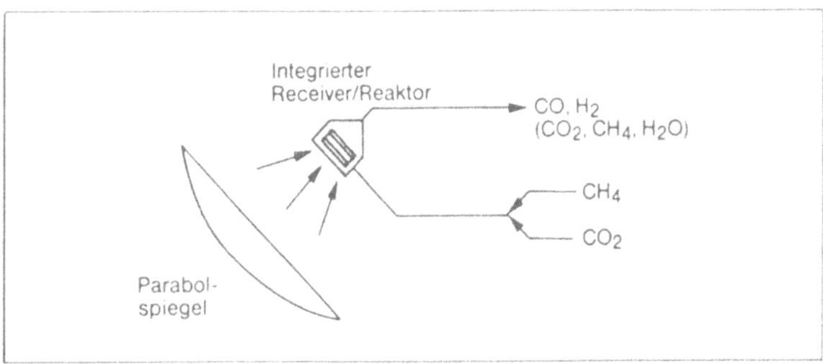

Bild 12: Methanreformierungsexperimente
H_2O mit GAST-Receiver und separatem Prozeß, Almeria
CO_2 mit volumetrischem Receiver und integriertem Prozeß, Lampoldshausen (DLR-Köln)

E-101 Erdgas-verdampfer T-101 Erdgas-speicher	P-101 Speise-wasserpumpe	E-102 E-103 Erdgas und Speisewasser-heizer	E-104 Überhitzer	V-101 Konvektiv beheizter Reformer	E-1 Elekt Lufth

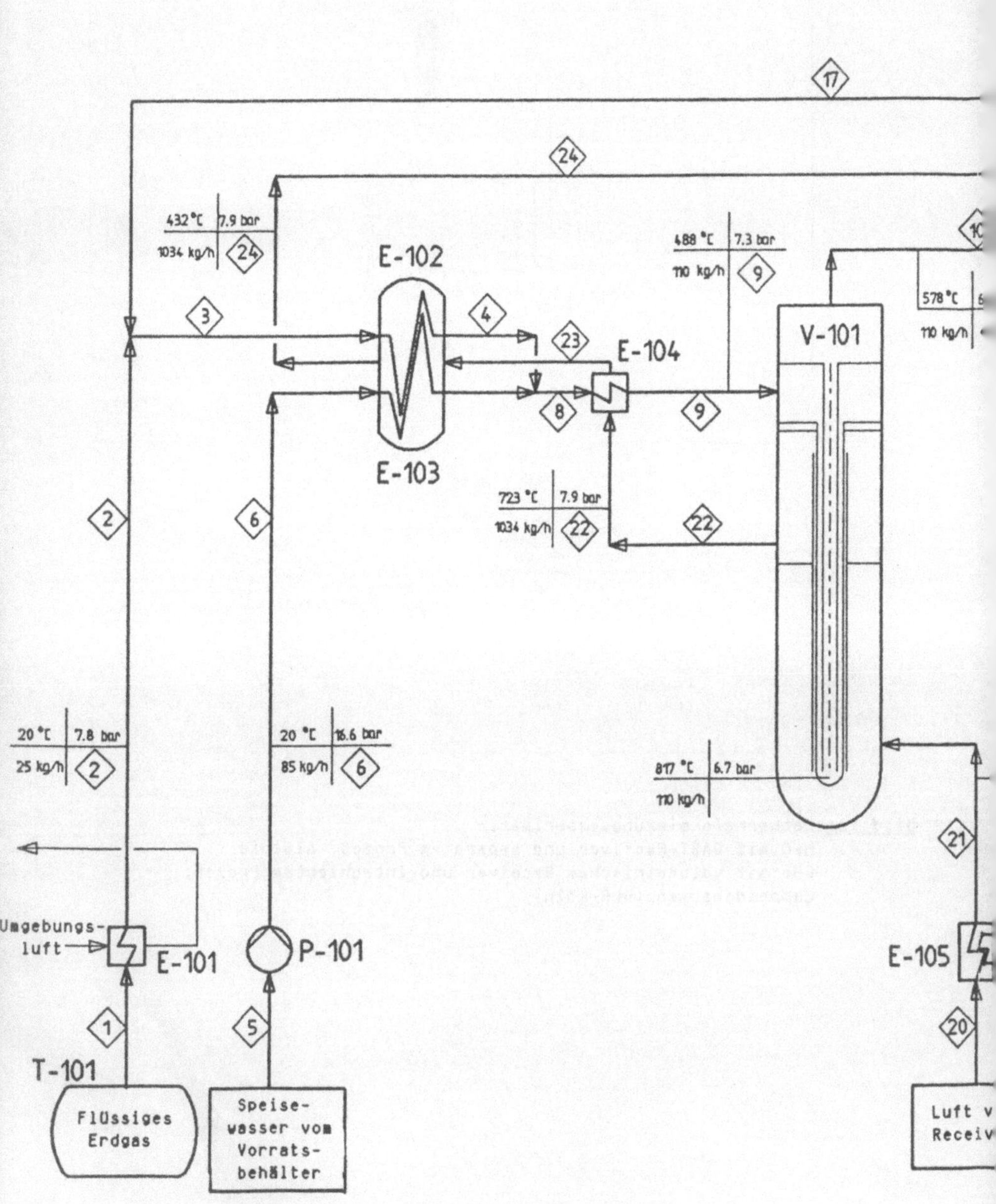

Bild 13: Prozeßfluß-Diagramm für den Dampf-Reformierungsprozeß Almeria Experiment (Steinmüller)

106
107

t- und
duktgas-
hler

S-101

Wasser-
abschneider

C-101

Kreisgas-
Kompressor

Z-102

Fackel

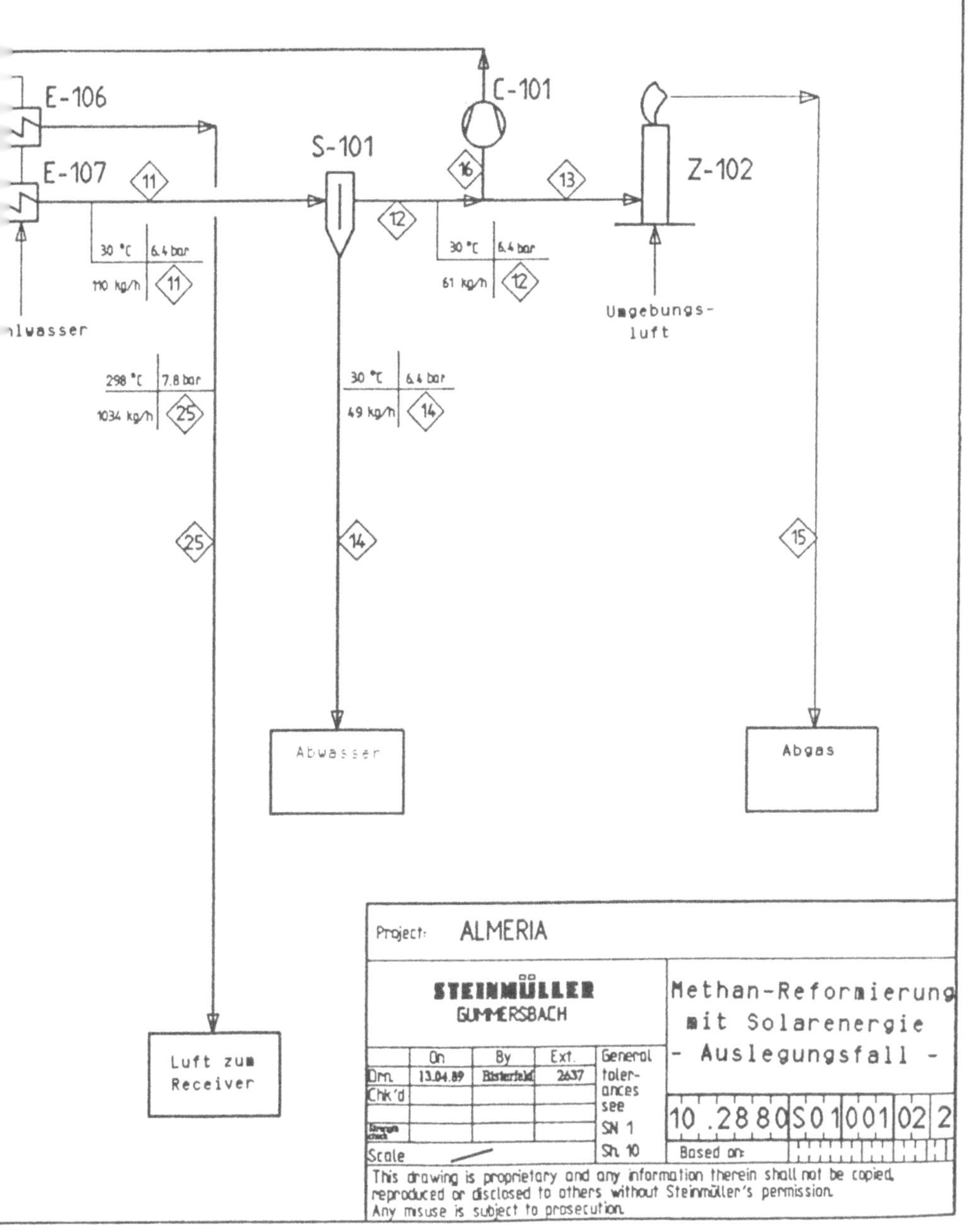

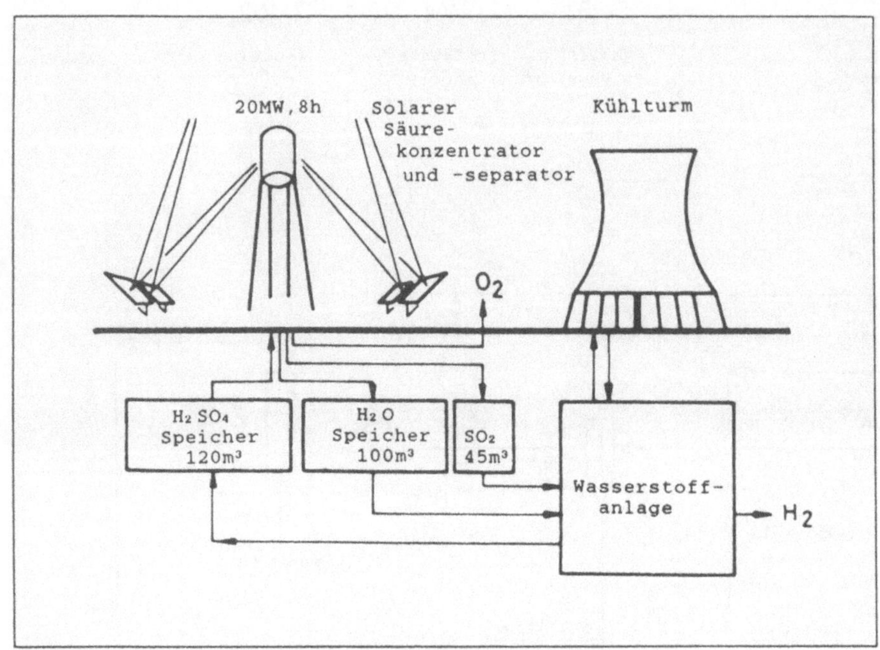

Bild 14: Thermochemische Wasserstofferzeugung über den Schwefelsäure-Jod Prozeß (RWTH Aachen, Prof. Knoche)

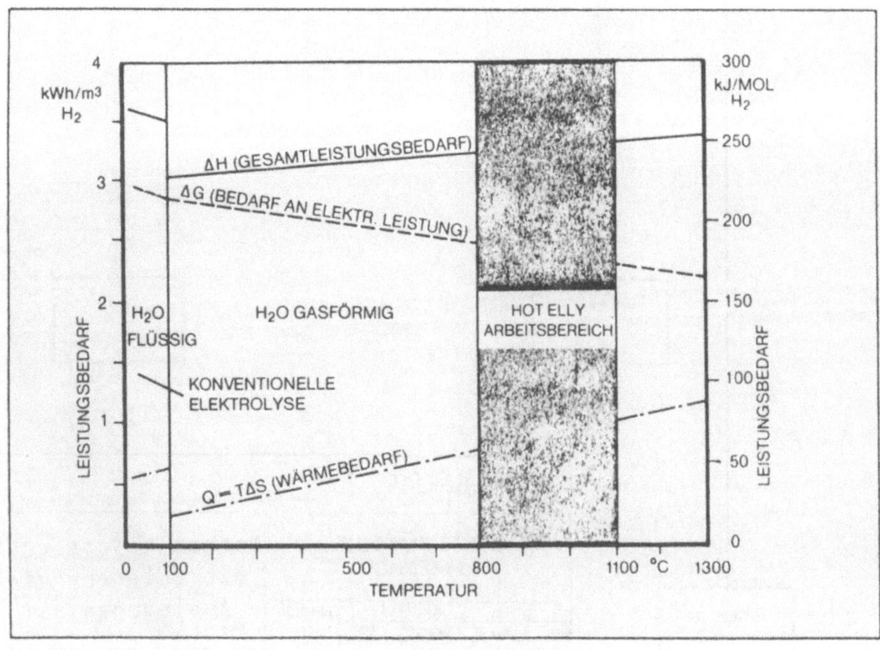

Bild 15: Hochtemperatur Dampfelektrolyse (Dornier)

Solarthermische Kraftwerke (1)

(Stand 1987)

Stand	Solarturm [1]	Rinnenkollektoren [2]	Paraboloidspiegel/ Stirling [3]	Aufwind [4]
Installierte Leistung MW_{el}	< 20	150	12 MW_{th} 5 MW_e	0,05
Kollektorfläche m^2	135 000	1 200 000	50 000	44 000
Derzeitige Aktivitäten	PHOEBUS (Europa) Utility Study (USA) 3 MW_{th} Testanlage (Israel)	13 Aufträge a 30 MW_e (2,0 Mrd. DM)	TDSA-Projekt Saudi-Arab. (Schlaich-Spiegel) Fix-Fokus (Bomin-Solar)	Akquisition 3 MW_e
Eigenschaften/ Markt	Hybridfähig Speicherfähig Direktstrahlung Nur im zig-MW-Bereich einsetzbar	Hybridfähig (Speicherfähig) Direktstrahlung Am Markt	Hybridfähig Direktstrahlung Stirling hoher Wartungsaufwand	(Speicherfähig) Hohe Verfügbarkeit Nutzt Globalstrahlung Nur im MW-bereich einsetzbar

Quellen
1) DFVLR
2) Flachglas-Solartechnik
3) Bomin-Solar/Schlaich u. Partner
4) Schlaich u Partner

Solarthermische Kraftwerke (2)

(Auslegung Referenzsysteme)

Referenzsysteme	Solarturm			Rinnenkollektoren			Paraboloid			Aufwind		
	1985	1990	2020	1985	1990	2020	1985	1990	2020	1985	1990	2020
Leistung MW_{el}	10	100	100	30	80	300	0,04	0,525	100	0,05	5	125 (100)
Erzeugte MWh_{el}/a [1]	13600	262000	356000	85000[2]	250000[2]	900000[2]	71,2	1090	226000	64,2	17600	357000
η_{netto} % solar	8,1	12,5	17,6	-	-	-	13,5[4]	19,5	23,4	0,06	0,34	0,84
hybrid [3]	-	-	-	11,6	14,2	15,0	-	-	-	-	-	-
Zuverlässigkeit %	92	93	95	95	95	95	90	95	99	99	99	99
Kollektorfläche 10^3 m^2	72	877	830	204	400	1363	0,227	2,27	379	44	2000	16000
Fahrweise	Speicher			Hybrid: Gas	Gas/Kohle		-			(Speicher)		

1) Barstow Wetter zugrunde gelegt (2585 kWh/m^2a Direktstrahlung)
2) 25% davon fossil erzeugt;
3) mittlerer Wirkungsgrad (fossil + solar)
4) Der McDonnell Douglas Dish und Stirling hat bereits 1985 mittlere tägliche Nettowirkungsgrade von 25,2 % erreicht; der maximal erreichte Wirkungsgrad betrug 31,6 %, bei dann allerdings höheren Investitionskosten und geringerer Verfügbarkeit.

Tabelle 1: Daten solarthermischer Kraftwerke (DLR)

Solarthermische Kraftwerke (3)

(Kosten)

Wirtschaftlichkeit	Solarturm			Rinnenkollektoren			Paraboloid			Aufwind		
	1985	1990	2020	1985	1990	2020 (2000)	1985	1990	2020	1985	1990	2020 (2000)
Investitionskosten[1)] 10^6 DM	193	922	610	202	350	1080	1,5	6,5	308,2	3,5	100,4	1081
Spez. Kosten DM/kW	19000	9220	6100[2)]	6730	4375	3600	37500	12380	3080	70000	20000	8650
Spez. Kosten DM/m² (bezogen auf Fläche)	2680	1051	735	900	875	792	6600	2860	813	79,5	50,2	67
Kollektorkosten DM/m²	600	450	240	350*	250*	230*	4400	1320	640	20–40	40	40
				* incl. Leitungen								
Betriebskosten 10^6 DM/a	6,7	16,0	10,2	6,4	4,0	13	0,1	0,25	14,8	0,12	1,5	8,7
Brennstoff	-	-	-	1,8	4,0	15	-	-	-	-	-	-

1) 2 DM/$. 2) 4000 DM/kW bei 200 MW_e (USA Utility Studies (1987))

Solarthermische Kraftwerke (4)

(Wirtschaftlichkeit)

Wirtschaftlichkeit		Solarturm			Rinnenkollektoren			Paraboloid			Aufwind		
Pfg/kWh		1985	1990	2020	1985	1990	2020 (2000)	1985	1990	2020	1985	1990	2020 (2000)
Stromgestehungskosten[1)]													
Barstow [3)]	solar	161	33,6	16,2	-	-	-	302	67,0	16,6	600	54,0	24,0
		-	-	-	-	-	-	( )	(46)*	(12)*	( )	(35)**	(16)**
	hybrid	-	-	-	27,4+)	13,6+)	12,2+)	-	-	-	-	-	-
Almeria [4)]	solar	355	55,8	25,1		n.v. [5)]		482	100	24,4	-	63,0	30,0
Stromgestehungskosten[2)]													
Barstow [3)]	solar	202	44,0	20,2	-	-	-	355	84,0	20,5	-	71,0	33,0
	hybrid	-	-	-	34,0+)	17,4+)	15,5+)	-	-	-	-	-	-
Almeria [4)]	solar	-	76,0	32,0		n.v. [5)]		-	130	29,9	-	82,0	41,0
					25% foss. Zusatzfeuerung								

1) 20a Lebensdauer, realer Barwert, 4 % realer Diskontsatz, Preisbasis 1986; 2 DM/$. 2) 8% nominaler Diskontsatz
3) Barstow Wetterdaten zugrundegelegt (2585 kWh/m²a Direktstrahlung);
4) Almeria Wetterdaten zugrundegelegt (1896 kWh/m²a Direktstrahlung); 5) keine Daten verfügbar
*) optimale Annahmen **) 40 a Lebensdauer
+) Mittlere Stromerzeugungskosten (fossil + solar); 0% Brennstoffpreissteigerung/a

Tabelle 2: Wirtschaftlichkeit solarthermischer Kraftwerke (DLR)

Solarchemisches Potential der Sonnenstrahlung

Rudolf Sizmann, Ludwig-Maximilians-Universität München
Amalienstraße 54, D-8000 München 40

Übersicht

Teil I

Einleitung
  Astronomische und atmosphärische Einflüsse
Thermodynamische Qualität der Sonnenstrahlung
  Optische Konzentration von Strahlung
  Selektive Absorption

Teil II

Prozeßwärmeerzeugung
Umsetzung zu elektrischer Arbeit
  Photovoltaische Umsetzung
  Bilanzgleichungen und photovoltaischer Wirkungsgrad
Photochemische Umsetzungen

Teil III

Solare Chemie
  Der kT-Pfad
  Der eV-Pfad
  Der $h\nu$-Pfad

Zusammenfassung

Literatur

Teil I

Einleitung

Im Innern der Sonne läuft bei mehreren Millionen Grad eine thermische Kernfusion, in der jeweils vier Wasserstoffkerne zu einem Heliumkern verschmelzen. Die dabei freigesetzte Energie würde die Sonne zu höherer Temperatur erhitzen, wenn nicht in dem stabilen Gleichgewicht die Energieproduktion genau dem Energieverlust durch Abstrahlung nach außen ins Weltall entspräche. Der überwiegende Beitrag zu dieser Abstrahlung ist die *Wärmestrahlung.* Die Stärke der thermischen Abstrahlung ist von der Oberflächentemperatur der Sonne (der Photosphärentemperatur) T_S bestimmt

$$4\pi R_S^2 \sigma T_S^4. \tag{1}$$

Hier bedeuten R_S der Sonnenradius, $696 \cdot 10^6$m, und σ die Stefan-Bolztmann-Konstante für die hemisphärische Abstrahlung

$$\sigma = \frac{2\pi^5 k^4}{15c^2 h^3} = 5,67 \cdot 10^{-8}\ \mathrm{Wm^{-2}K^{-4}}. \tag{2}$$

Die Strahlungskonstante ist eine universelle, d.h. materialunabhängige Größe; sie enthält nur Naturkonstanten und läßt sich mit allgemeinen thermodynamischen und quantenmechanischen Annahmen herleiten. k ist die Boltzmann-Konstante, $1,380658 \cdot 10^{-23}$ $\mathrm{WsK^{-1}}$; h ist die Plancksche Konstante, $6,6260755 \cdot 10^{-34}$ $\mathrm{Ws^2}$; c ist die Lichtgeschwindigkeit im Vakuum, 29979245 $\mathrm{ms^{-1}}$.

Eine Annahme, die für unsere praktischen Zwecke hinreichend zutrifft, ist allerdings in Gl.(1) gemacht worden: Die Sonnenoberfläche sei eine „schwarze" Oberfläche, keine graue oder farbige. Diese Bezeichnungsweise überrascht vielleicht. Unter einem schwarzen Körper wird verstanden, daß jede Strahlung, die *auf* ihn trifft, völlig absorbiert wird. Ein grauer Körper würde nur unvollständig (aber gleich unvollständig für Strahlung aller Wellenlängen) absorbieren und den Rest entweder reflektieren oder durchlassen; ein farbiger hätte eine Präferenz der Reflexion oder Transmission in bestimmten, die Farbe bestimmenden Spektralbereichen. Die Thermodynamik zeigt, daß bei jeder Wellenlänge λ Absorption und Emission übereinstimmen müssen. Das ist das Kirchhoffsche Absorptions-Emissions-Gesetz

$$\alpha\ (\lambda) = \epsilon\ (\lambda). \tag{3}$$

Die α und ϵ bezeichnen den *Grad* der Absorption bzw. der Emission. Es sind das die Verhältnisse

$$\alpha = \frac{\text{absorbierte Strahlungsleistung}}{\text{auftreffende Strahlungsleistung}};$$

$$\epsilon = \frac{\text{emittierte Strahlungsleistung von einer Fläche der Temperatur } T}{\text{emittierte Strahlungsleistung einer schwarzen Fläche der Temperatur } T}.$$

Insbesondere gilt für die perfekte, d.h. als „schwarz" angesprochene Absorption

$$\alpha(\lambda) = 1 \qquad \text{für alle Wellenlängen}$$

und somit auch

$$\epsilon(\lambda) = 1 \qquad \text{für alle Wellenlängen.}$$

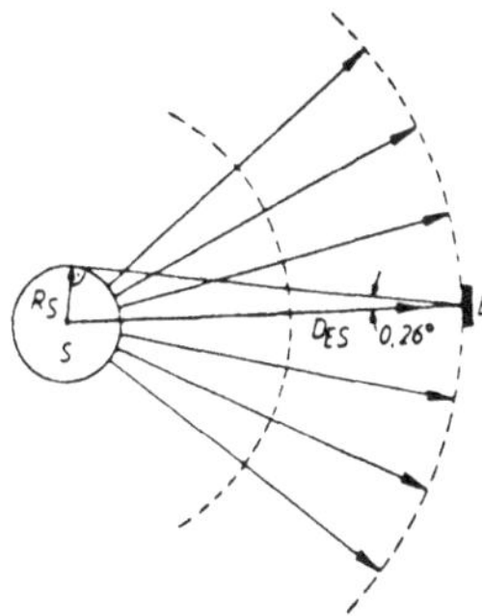

Abbildung 1: Geometrische Verhältnisse zur Abstrahlung der Sonne und der verdünnten Strahlung, die als Solarkonstante am Ort der Erde ankommt. $D_{ES} = 149,6 \cdot 10^9$ m.

Ein schwarzer Absorber ist demnach der bestmögliche Emitter. Daher ist die erwähnte Voraussetzung über die Sonnenoberfläche gleichbedeutend mit der Annahme, daß die Sonne ein perfekter Emitter für Wärmestrahlung ist. Träfe die Annahme nicht zu, wäre für die sog. *spezifische Ausstrahlung* $M = \sigma T^4$ zu schreiben $M = \bar{\epsilon}\sigma T^4$, mit $\bar{\epsilon}$ als mittleren, material- und temperaturabhängigen Emissionsgrad. Die Mittelung bezieht sich auf den Verlauf des spektralen Emissionsgrades $\epsilon(\lambda)$.

Astronomische und atmosphärische Einflüsse

Die Abstrahlung ins Weltall, die nach Gl.(1) radial von der Sonne ausgeht, muß aus Gründen der Energieerhaltung jede andere von außen um die Sonne als Zentrum geschlagene Kugeloberfläche durchlaufen. Zum Beispiel gilt für einen Abstand D_{ES} vom Mittelpunkt der Sonne

$$4\pi R_S^2 \sigma T_S^4 = 4\pi D_{ES}^2 E_{sc}, \qquad (4)$$

siehe die Abbildung 1. E_S wird dann zur *Solarkonstante.* Sie ist der Messung zugänglich; allerdings muß außerhalb der Erdatmosphäre (extraterrestrisch) gemessen werden, denn die Voraussetzung der Energieerhaltung in der Strahlung nach Gl.(4) war, daß die Strahlung nicht durch Materie absorbiert oder nicht nicht-isotrop gestreut wird.

Die besten Messungen, deren Genauigkeit mit den neuen Möglichkeiten von Raketen und Satelliten kürzlich gesteigert werden konnte, liefern [1]

$$E_{sc} = 1367 \pm 0,1 \text{ Wm}^{-2}. \qquad (5)$$

Aus $E_{sc} = (R_S/D_{ES})^2 \sigma T_S^4$ können wir nun die Photosphärentemperatur T_S der Sonne berechnen

$$T_S = 5777 \text{ K}. \qquad (6)$$

Der astronomisch bedingte Zahlenwert des Verhältnisses

$$f_a = (R_S/D_{ES})^2 = 2,165 \cdot 10^{-5} \qquad (7)$$

wird als *Verdünnungsfaktor* bezeichnet (die Strahlungsdichte an der Sonnenoberfläche $M = \sigma T_S^4 = 63,2$ MWm^{-2} gelangt um den Faktor f_a geometrisch auf $E_{sc} = 1367$ Wm^{-2} auseinandergezogen auf die Erde).

Die spektrale Verteilung der Strahlung, die von einem schwarzen Emitter der Temperatur T ausgeht, wird von der Planckschen Beziehung der ***spektralen Strahldichte*** beschrieben

$$L_\lambda(\lambda, T) = \frac{2hc^2}{\lambda^5} \frac{1}{exp(hc/\lambda kT) - 1}. \tag{8}$$

Strahldichte L bedeutet eine Strahlungsleistung $d^2\Phi$ bezogen auf die strahlende Fläche dA und den Raumwinkel $d\Omega$ um die Raumrichtung Ω, die einen Winkel θ zur Normalen der strahlenden Fläche einschließt:

$$L = \frac{\partial^2 \Phi}{\partial A \cos\theta \partial\Omega}. \tag{9}$$

Der Index λ an L kennzeichnet die spektrale Komponente der Strahldichte: $L_\lambda = \partial L/\partial\lambda$

$$L_\lambda = \frac{\partial^3 \Phi}{\partial A \cos\theta \partial\Omega \partial\lambda}. \tag{10}$$

Es gelten die SI-Einheiten für L Wm^{-2}sr^{-1} und für L_λ Wm^{-3}sr^{-1}.

Wir sind bei der Nutzung solarer Energie weniger an Strahldichten L als an Bestrahlungsstärken $E = \partial\Phi/\partial A$, Strahlungsleistung je durchstrahlte Flächeneinheit, Wm^{-2}, interessiert. Es ist, siehe Gl.(9),

$$E_\lambda = \int_\Omega L_\lambda \cos\theta d\Omega \tag{11}$$

mit Ω als Raumwinkel, in dem die Strahlung einfällt. Wenn das radialsymmetrisch, d.h. in einem Konus vom Öffnungswinkel θ um die Normale der Empfängerfläche geschieht, ist

$$E_\lambda = \int_0^\theta \int_0^{2\pi} L_\lambda \cos\theta \sin\theta d\theta d\varphi = \pi \sin^2\theta \ L_\lambda \tag{12}$$

oder bei hemisphärischer Bestrahlung, $\theta = 90°$,

$$E_\lambda(\lambda) = \pi L_\lambda(\lambda). \tag{13}$$

Summiert über alle Wellenlängen wird die integrale Bestrahlungsstärke

$$E = \int_0^\infty E_\lambda d\lambda = \int_0^\infty \pi L_\lambda(\lambda, T) d\lambda = \sigma T^4. \tag{14}$$

Wir können nun die spektrale Verteilung der Bestrahlungsstärke $E_\lambda(\lambda)$ eines schwarzen Strahlers der Temperatur $T_S = 5777$ K berechnen. Zum Vergleich mit den Meßwerten der extraterrestrischen solaren Strahlung multiplizieren wir $L_\lambda(\lambda, T_S)$ mit dem astronomischen Verdünnungsfaktor f_a, Gl.(8),

$$E_\lambda(\lambda) = f_a \pi L_\lambda(\lambda, T_S). \tag{15}$$

Das so berechnete kontinuierliche Spektrum $E_\lambda(\lambda)$ ist zusammen mit dem extraterrestrischen solaren Spektrum in Abb. 2 dargestellt. Die im solaren Spektrum erkennbare Feinstruktur entsteht durch Beiträge an Absorption und Emission in der dünnen *Chromosphäre*, die außerhalb der Sonnen-Photosphäre liegt. Sie ist in einigen Spektralbereichen heißer als 5777 K, in anderen dagegen kälter.

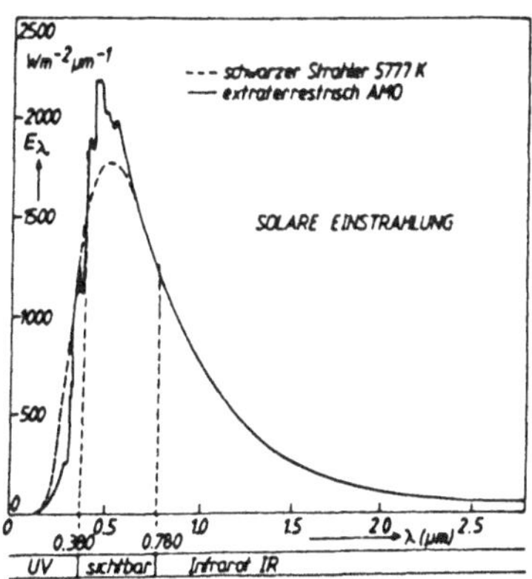

Abbildung 2: Kontinuierliches 5777 K-Spektrum nach der Planckschen Strahlungsformel, gestaucht um den astronomischen Verdünnungsfaktor f_a; beobachtetes solares extraterrestrisches Spektrum.

Außer bei künstlichen Satelliten und Raumstationen interessiert uns als Energieressource vornehmlich die *terrestrisch* verfügbare solare Strahlung. Hierzu müssen die Sonnenstrahlen die Lufthülle der Erde durchlaufen. Die Stärke der Wechselwirkung wird von der Materiebelegung abhängen, die die Strahlung auf ihrem Weg z durch die Atmosphäre angetroffen hat. Wenn $\rho(z)$ die lokale Luftdichte ist, dann wird die Stärke der Wechselwirkung proportional sein zu $\int_0^\infty \rho(z)dz$. Die Summe (Integration) erstreckt sich über den vom Empfangsort aus mit $z = 0$ gezählten Weg bis beliebig weit $(z \to \infty)$ über die Erdatmosphäre hinaus, wo $\rho(z) \to 0$ erreicht.

Die Dichte der Luft nimmt im Schwerefeld der Erde mit der (senkrechten) Höhe h exponentiell ab, $\rho(h) = \rho_o exp(-ah)$. Es ist ρ_o die Dichte am Fußpunkt $h = 0$; a ist ein Maß der Steilheit, mit der die Dichte mit wachsender Höhe abnimmt. Für eine beliebige Richtung mit dem Zenitwinkel θ ist $z = h/\cos\theta$. Daraus erhalten wir für die gesuchte Massebelegung

$$M(\theta) = \int_0^\infty \rho(z)\mathrm{d}z = \rho_o \int_0^\infty exp(-az\cos\theta)\mathrm{d}z = \frac{\rho_o}{a\,\cos\theta}. \tag{16}$$

Für $\theta = 0$ stünde die Sonne im Zenit: der Weg der Strahlung durch die Atmosphäre wäre am kürzesten. $M(\theta)$ nimmt den kleinsten Wert an, $M(0) = \rho_o/a$. Wir wählen diese Massebelegung mit ρ_o, Luftdichte auf Meereshöhe, als Bezug, um damit eine *relative Atmosphärische Massebelegung AM* zu beschreiben

$$AM = \frac{M(\theta)}{M(0)} = \frac{1}{\cos\theta}. \tag{17}$$

$AM = 1$	bedeutet der senkrechte Durchgang bis auf Meereshöhe;
$AM = 2$,	also die doppelte relative Massebelegung, bei einem Zenitwinkel von 60° (da $\cos 60° = 1/2$);
$AM = 0{,}5$	bedeutet, daß der Empfangsort oberhalb Meereshöhe liegt. Bei senkrechtem Einfall wäre das ungefähr in 5000 m;
$AM = 0$	entspricht einem extraterrestrischen Empfangsort.

Der Zahlenwert von AM, der sich insbesondere mit dem Sonnenstand ändert, hat großen Einfluß auf die verfügbare terrestrische solare Strahlung: Die Abschwächung durch Streuung und Absorption hängt nämlich exponentiell von AM ab

$$E(AM) = E_{sc} exp(-a_o AM). \tag{18}$$

E ist die integrale Bestrahlungsstärke, Gl.(14). Deshalb ist a_o ein pauschaler, über alle Wellenlängen genommener Extinktionskoeffizient. Er beträgt rund $a_o = 0,3$. Auf Meereshöhe mit der Sonne im Zenit kämen dann statt der extraterrestrischen 1367 Wm^{-2} rund 1000 Wm^{-2} an. Bei $AM2$ wären es rund 750 Wm^{-2}.

Die Verwendung eines pauschalen Extinktionskoeffizienten darf nicht vergessen lassen, daß in Wirklichkeit in einigen Spektralbereichen nahezu alles, in anderen kaum etwas von der Strahlung abgeschwächt wird. Außerdem kann sich die Stärke der spektralen Abschwächung zeitlich und örtlich ändern, z.B. im Kurzwelligen mit schwankendem Ozongehalt, mit dem Wasserdampfgehalt (im Längerwelligen), mit dem Aerosolgehalt.

Bei der *Absorption* in der Lufthülle verschwindet die Strahlungsenergie und erscheint als Wärme. Bei der *Streuung* bleibt die Strahlungsenergie erhalten aber die Strahlrichtung wird verändert. Es entsteht aus der sog. *direkten* Strahlung eine *diffuse*, aus Richtungen nicht direkt von der Sonne kommend.

In der Erdatmosphäre sind drei Streumechanismen besonders wichtig [2]:

- Die Streuung an den Luftmolekülen (Rayleigh-Streuung). Ihre Stärke nimmt wie $\propto \lambda^{-4}$ zu: Blaues Licht mit Wellenlänge λ = 350 nm wird $2^4 = 16$ mal stärker zurückgestreut als rotes Licht mit λ = 700 nm. Die Rayleigh-Streuung ist für das diffuse Himmelsblau verantwortlich. Auf Meereshöhe und bei klarem Himmel sind ungefähr 25 % der eintreffenden Strahlung dadurch diffus, 75 % sind direkt.
- Die Streuung an Aerosol und Staub in der Luft. Hier ist die Wellenlängenabhängigkeit schwächer als bei der Rayleigh-Streuung: $\approx \propto \lambda^{-1}$. Dieses Streulicht ist daher weißbläulich. Außerdem wird wenig zurück, das meiste in Vorwärtsrichtung gestreut.
- Die Streuung an Wolken (Eis- oder Wasserpartikeln). Je nach Dichte der Wolken kann die Extinktion hohe Werte erreichen. Eine dickere Wolkendecke unterdrückt den Direktanteil der Strahlung oft vollständig; es bleibt nur stark abgeschwächte Strahlung, die unabhängig vom Sonnenstand gleichmäßig aus allen Himmelsrichtungen kommt.

In Abb. 3 wird ein AM1,5-Spektrum gezeigt (Zenitwinkel $\theta = 45°$ auf Meereshöhe), und zwar aufgeteilt nach dem direkten und dem diffusen Anteil. Eine solche Aufteilung ist aus mehreren Gründen erwünscht

- Durch Aufständerung oder durch Nachführung der Empfängerfläche oder von Spiegeln läßt sich die Bestrahlungsdichte des gerichteten, direkten Anteils geometrisch beeinflussen.
- Nur die direkte Strahlung läßt sich über Linsen oder Spiegeln konzentrieren, d.h., es läßt sich die Strahlungsquelle fokussiert auf einem Empfänger abbilden.

Wettereinflüsse, insbesondere Wolkenbildung, bedingen ein stochastisches, schwierig vorhersagbares Verhalten der solaren Einstrahlung. Das ist eine unbequeme Eigenschaft einer Energieressource. Zusätzlich gibt es weitere, zwar genau vorhersagbare aber dennoch ebenfalls unbequeme Einflüsse: Die *Erddrehung* mit den Tag-Nachtperioden; der *Erdumlauf* mit den saisonalen Änderungen der Einstrahlung in den nicht-äquatorialen Regionen.

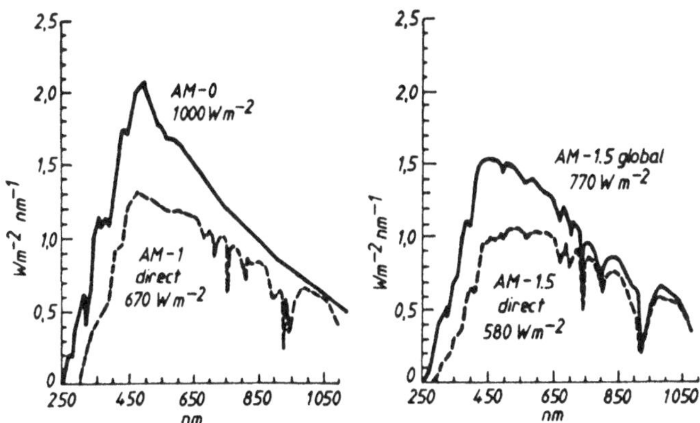

Abbildung 3: AM1,5-Spektrum, aufgeteilt in dem direkten (a) und dem diffusen (b) Beitrag.

Das sind im Vergleich zu den fossilen Brennstoffen oder der Kernenergie ungewohnte Eigenschaften einer zur energiewirtschaftlichen Verwendung vorgesehenen Energieressource. Sie erfordern nicht nur neuartige technische Maßnahmen in der Auslegung von Energieanlagen, sondern bedingen auch inhärente wirtschaftliche Nachteile: Investionen bleiben mehr als die Hälfte des Jahres ungenutzt oder nur schwach genutzt.

Die Fluktuationen des Strahlungsangebots verlangen von der solaren Technik *Langzeitspeicherung* und *Transportierbarkeit* der Energie. Die Umsetzung von Strahlungsenergie in chemische Energie von z.B. Kraftstoffen böte hier eine Lösungsmöglichkeit.

Thermodynamische Qualität der Sonnenstrahlung

Für die praktische Nutzung von Sonnenstrahlung als Energieressource ist es wichtig zu wissen, welche *Arbeitsfähigkeit* sie hat [3]. Die spektrale Bestrahlungsstärke E_λ ist als Energieflußdichte hierfür nicht das ausreichende Maß. Denn für gleiche Bestrahlungsstärken aus gleichen Raumwinkeln z.B. einmal im Blauen λ_1, ein andermal im Roten λ_2 erlaubt die blaue Strahlung thermodynamisch mehr Arbeit (z.B. als elektrische Leistung) zu gewinnen als die gleich starke rote. Das soll im folgenden näher begründet werden.

Die hier gemachte Aussage hat eine bekannte Parallele bei der Beurteilung der Qualität einer Wärmemenge oder eines Wärmeflusses: 1 kJ bei hoher Temperatur liefert über eine Wärmekraftmaschine mehr Arbeit als aus einer Wärmemenge von ebenfalls 1 kJ jedoch tieferer Temperatur erhalten werden kann. Die Ursache dieser unterschiedlichen Wertigkeit liegt darin, daß Energieflüsse immer an dem Strom anderer Mengengrößen gebunden sind. Das bedeutet, in einem Energieumsetzer (*Konverter*) sind Bilanzen aller dieser Flußgrößen, nicht allein die der Energie zu berücksichtigen.

In Abb. 4 soll in einen Konverter ein Wärmestrom $E = Q$ der Temperatur T fließen. Mit ihm fließt gekoppelt ein Entropiestrom $S = Q/T$. Der Konverter liefert Arbeit W, z.B. als elektrische Leistung, die über einen Strom elektrischer Ladungen aus dem Konverter kommt. Die Bilanzen für einen stationären Betrieb sind

$$\begin{array}{lrcl} \text{Energie} & Q & = & W + Q' \\ \text{Entropie} & Q/T + S_i & = & Q'/T' \end{array}$$

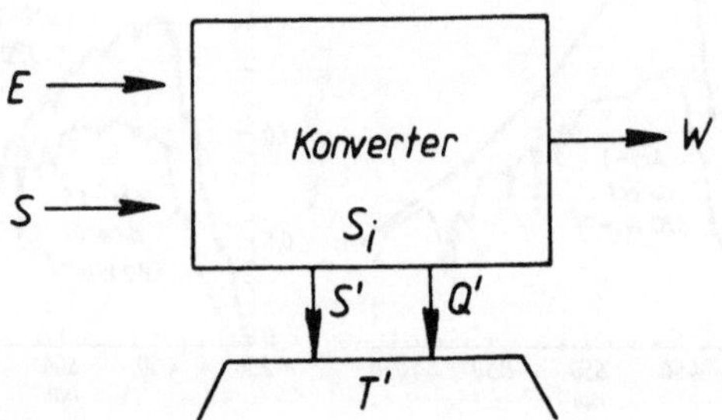

Abbildung 4: Energie- und Entropieflüsse in einen Konverter. S_i berücksichtigt eine Entropieproduktion bei Irreversibilitäten. W ist die Arbeit, die bei der Umsetzung der Energie aus dem Konverter erhalten wird. Die Abwärme Q' ist eine Folge der Notwendigkeit, überschüssige Entropie als Entropiestrom Q'/T_a aus dem Konverter entfernen zu können.

Es müßte ein Wärmestrom Q' („Abwärme") in die Energiebilanz eingeführt werden, um für die mit der Energie zufließenden Entropie Q/T und einem bei irreversibler Prozeßführung erzeugten Entropiestrom S_i einen Auslaß zu haben.

Durch Einsetzen von Q' aus der ersten in die zweite Gleichung wird für einen reversiblen Konverter

$$\eta_{th} = \frac{W}{Q} = 1 - \frac{T'}{T}. \tag{19}$$

Das ist die bekannte Carnotsche Beziehung über die Arbeitsfähigkeit eines Wärmeflusses Q der Temperatur T mit Abwärmetemperatur T'. Für T' wird man eine tiefe Temperatur wählen, um den *thermischen Wirkungsgrad* η_{th} möglichst groß zu haben. Im praktischen Fall wird daher $T' = T_a$ die Umgebungstemperatur sein.

Diese Überlegungen können wir auf die Ermittlung der Arbeitsfähigkeit von Strahlungsflüssen übertragen. In Abb. 5 ist der analoge Konverter skizziert. Er unterscheidet sich in einem Detail vom Konverter der Abb. 4: Die Eingangsapertur der Strahlung $E_\lambda \mathrm{d}\lambda$ ist zugleich eine Ausgangsapertur für Strahlung $E'_\lambda \mathrm{d}\lambda$. Wir könnem es nicht vermeiden (als Folge der Umkehrbarkeit des Lichtweges), daß in der umgekehrten Richtung zur einfallenden Strahlung wieder Strahlung aus dem Konverter kommt. Nur sollte $E'_\lambda \mathrm{d}\lambda$ möglichst Strahlung sein, die keine Arbeitsfähigkeit mehr hat.

Die Bilanzen sind, auf spektrale Komponenten der Bandbreite $\mathrm{d}\lambda$ bezogen,

$$\begin{array}{lrcl} \text{Energie} & E_\lambda \mathrm{d}\lambda & = & E'_\lambda \mathrm{d}\lambda + \mathrm{d}W + \mathrm{d}Q' \\ \text{Entropie} & S_\lambda \mathrm{d}\lambda + {}^iS_\lambda \mathrm{d}\lambda & = & S'_\lambda \mathrm{d}\lambda + \mathrm{d}Q'/T_a. \end{array}$$

Wiederum muß ein Abwärmestrom $\mathrm{d}Q'$ zugelassen werden, mit dem es erst möglich ist, die Entropiebilanz zu erfüllen. Wir eliminieren $\mathrm{d}Q'$ aus beiden Gleichungen und erhalten für einen reversiblen Konverter (${}^iS_\lambda = 0$) einen Ausdruck der Arbeitsfähigkeit $W_\lambda = \mathrm{d}W/\mathrm{d}\lambda$

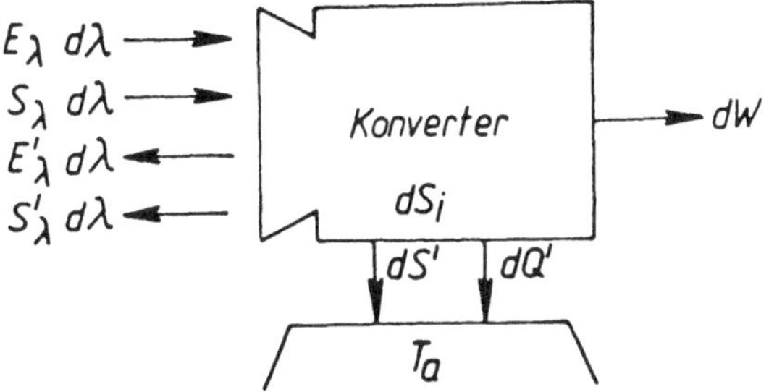

Abbildung 5: Konversion von Strahlungsflüssen zu Arbeit. Die Eingangsapertur ist als Trichter gezeichnet, um einen bestimmten Aperturwinkel anzudeuten. Durch die Eingangsapertur verliert der Konverter wieder Strahlung, jedoch von einer minderen Qualität. Irreversible Vorgänge in der Umsetzung sind mit einer Entropieproduktionsrate S_i berücksichtigt. Für andere Einzelheiten siehe auch die vorige Abbildung.

der spektralen Bestrahlungsstärke E_λ

$$W_\lambda = (E_\lambda - E'_\lambda) - T_a(S_\lambda - S'_\lambda). \tag{20}$$

Eine beliebige spektrale Bestrahlungsstärke $E_\lambda(\lambda)$ aus einem Raumwinkelkonus mit Öffnungswinkel θ können wir uns vorstellen, ersatzweise durch einen schwarzen Planckschen Strahler verursacht zu sein. Dessen Temperatur ist gerade so justiert, daß

$$E_\lambda(\lambda) = \pi \sin^2\theta L_\lambda(\lambda, T). \tag{21}$$

Das ist die Beziehung Gl.(12), nur jetzt im umgekehrten Sinne verwendet: Aus einer beliebigen Bestrahlungsstärke, die z.B. durch eine Mischung aus Sonnenstrahlung, Mondlicht, anderen Strahlern der Umgebung zustande kommt, ermitteln wir den dazu äquivalenten schwarzen Strahler. Für L_λ setzen wir die Gl.(8) und lösen nach der Temperatur auf

$$T(\lambda) = \frac{hc}{\lambda k} / \ln\left(1 + \frac{2\pi \sin^2\theta hc^2}{\lambda^5 E_\lambda(\lambda)}\right). \tag{22}$$

Die so gewonnene Temperatur, die ein Maß für die Qualität der Bestrahlungsstärke E_λ ist, bezeichnen wir mit äquivalenter *Strahldichtetemperatur*. Sie ließe sich tatsächlich mit einem Thermometer messen, das einen spektralen Absorptionsgrad $\alpha(\lambda) = 1$ nur bei der Wellenlänge λ in der Bandbreite $d\lambda$ der betreffenden spektralen Komponente hätte (sonst $\alpha(\lambda) = 0$) und nur im Öffnungswinkel θ empfängt und abstrahlt.

In der Abb. 6 sind für die spektralen Komponenten $E_\lambda(\lambda)$, die als Histogramm für das AM1-Spektrum vorliegen, die zugehörigen Strahldichtetemperaturen $T(\lambda)$ aufgetragen. Wir

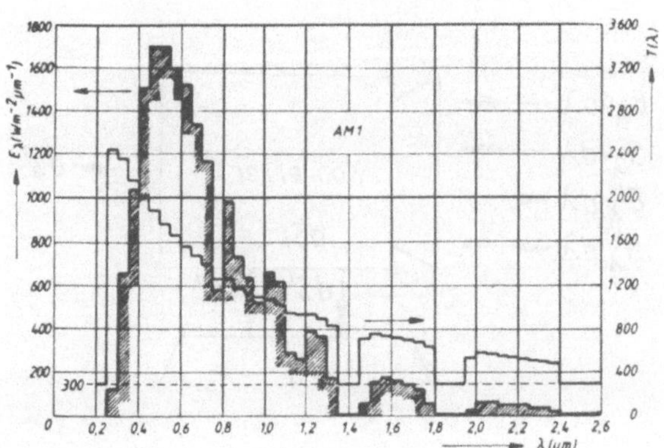

Abbildung 6: Histogramme der spektralen Verteilung der Einstrahlung E_λ und der zugehörigen Strahldichtetemperatur $T(\lambda)$ für das terrestrische AM1-Spektrum.

können so als erstes in der Gl.(20) die Differenz der Energieflußdichten schreiben

$$E_\lambda - E_\lambda' = \pi \sin^2\theta \Big(L_\lambda(T) - L_\lambda(T') \Big) \tag{23}$$

mit - wie bereits aus Gl.(8) bekannt, hier jedoch etwas anders geschrieben

$$L_\lambda(T) = \frac{2hc^2}{\lambda^5} \cdot X \tag{24}$$

$$X = \frac{1}{exp\frac{hc}{\lambda kT} - 1}. \tag{25}$$

Die Differenz der Entropieflußdichten $S_\lambda - S_\lambda{}'$ erhalten wir aus

$$\mathrm{d}S_\lambda = \frac{\mathrm{d}Q}{T} = \pi \sin^2\theta \frac{\partial L_\lambda}{\partial T} \frac{\mathrm{d}T}{T} \tag{26}$$

durch Integration über den Temperaturbereich

$$S_\lambda(T) - S_\lambda(T') = \int_{T'}^{T} \mathrm{d}S_\lambda = \pi \sin^2\theta \Big(K_\lambda(T) - K_\lambda(T') \Big). \tag{27}$$

Hier bedeutet

$$K_\lambda = \frac{2kc}{\lambda^4} \cdot Y \tag{28}$$

mit

$$Y = (1 + X)\ln(1 + X) - X \ln X \tag{29}$$

und X nach Gl.(25). Dieser Ausdruck sieht deshalb verwickelt aus, weil die Plancksche Funktion mathematisch keine einfache Gestalt hat.

Wir können nun die gesuchte Arbeitsfähigkeit W_λ einer (beliebigen) spektralen Komponente E_λ angeben

$$W_\lambda = \pi \sin^2 \Big(L_\lambda(T) - L_\lambda(T_a) - T_a \Big(K_\lambda(T) - K_\lambda(T_a) \Big) \Big). \quad (30)$$

Von Interesse ist die *integrale* Arbeitsfähigkeit der solaren Einstrahlung

$$W = \int_0^\infty W_\lambda \mathrm{d}\lambda. \quad (31)$$

Für das Folgende ist es von Vorteil, das strukturierte terrestrische Spektrum durch einen glatten Verlauf zu ersetzen [siehe für eine ausführlichere Darstellung auch Gl.(59)]

$$E_\lambda(\lambda) = f\pi L_\lambda(\lambda, T_S) + (1-f)\pi L_\lambda(\lambda, T_a). \quad (32)$$

Dieses *Standardspektrum* ist eine Mischung aus zwei Beiträgen: Die Strahldichte $L_\lambda(\lambda, T_S)$ mit $T_S = 5777$ K vertritt den solaren Anteil; die Strahldichte $L_\lambda(\lambda, T_a)$ mit $T_a = 300$ K hat als Quelle die *atmosphärische Gegenstrahlung* der thermischen Emission der Materie (der Gasmoleküle) in der Lufthülle. Der Parameter f regelt das Mischungsverhältnis und hat somit die Eigenschaft eines Verdünnungsfaktors. Insbesondere, für $f = f_a = 2{,}165 \cdot 10^{-5}$, den astronomischen Verdünnungsfaktor, Gl.(7), ist $E_\lambda(\lambda)$ in dem solaren Wellenlängenbereich von 300 nm bis 2,5 μm, in dem die Lufthülle überhaupt durchlässig ist, überwiegend bestimmt durch

$${}^S E_\lambda(\lambda) = f\pi L_\lambda(\lambda, T_S). \quad (33)$$

Das trifft um so mehr zu für $f > f_a$.

Ein Grenzfall ist $f = 1$: Die Bestrahlungsstärke E_λ ist dann ausschließlich solaren Ursprungs und so hoch wie die spezifische Ausstrahlung direkt an der Sonnenoberfläche

$${}^S E_\lambda(\lambda) = \pi L_\lambda(\lambda, T_S) = 63{,}2\ \mathrm{MWm}^{-2}.$$

Ein anderer Grenzfall ist $f = 0$: Es gibt keinen solaren Anteil mehr im Spektrum, wie das z.B. nachts der Fall ist. Wir haben dann von dem atmosphärischen Anteil

$${}^a E_\lambda(\lambda) = (1-f)\pi L_\lambda(\lambda, T_a) \quad (34)$$

im Standardspektrum den ausschließlichen und maximal möglichen Beitrag

$${}^a E_\lambda(\lambda) = \pi L_\lambda(\lambda, T_a).$$

In Abb. 7 sind Standardspektren mit verschiedenen Verdünnungsfaktoren f dargestellt.

Die integralen Werte sind für den solaren Anteil

$${}^S E = f \int_0^\infty {}^S E_\lambda \mathrm{d}\lambda = f\sigma T_S^4 \quad (35)$$

und für den atmosphärischen Anteil

$${}^a E = (1-f) \int_0^\infty {}^a E_\lambda \mathrm{d}\lambda = (1-f)\sigma T_a^4. \quad (36)$$

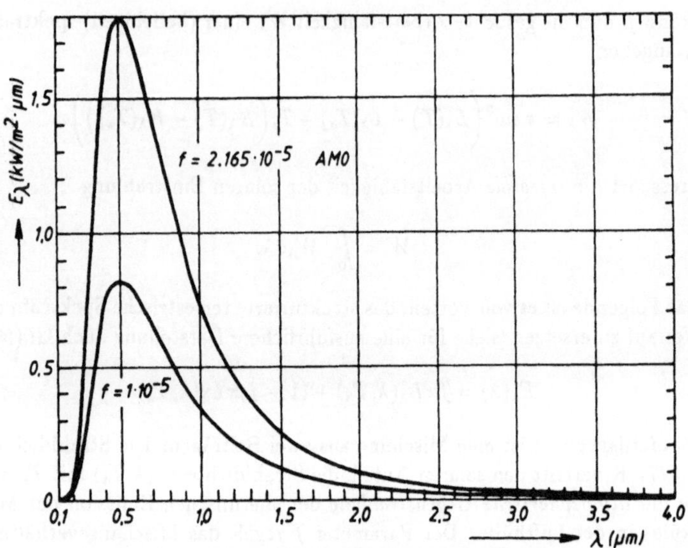

Abbildung 7: Standardspektren für verschiedene Verdünnungsfaktoren f. Als Temperaturen sind $T_S = 5777$ K und $T_a = 300$ K verwendet worden.

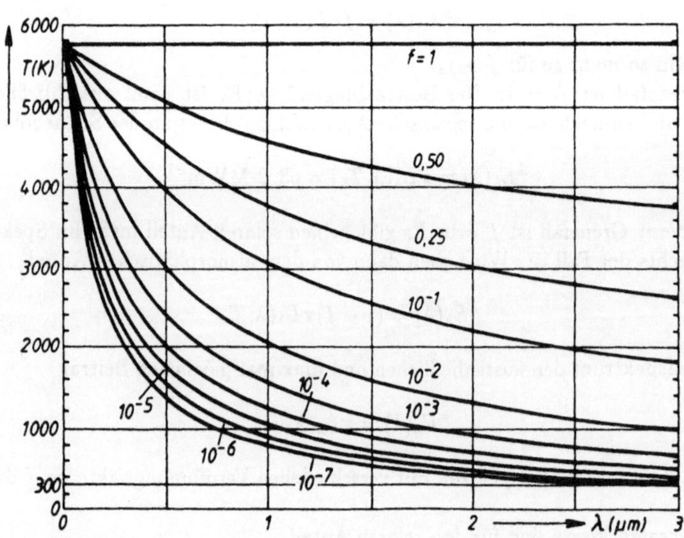

Abbildung 8: Strahldichtetemperaturen von Standardspektren, die sich im Verdünnungsfaktor f unterscheiden.

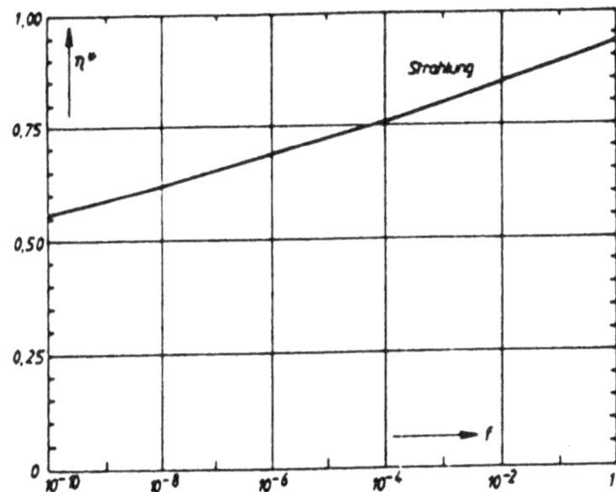

Abbildung 9: Exergetische Wirkungsgrade solarer Strahlung in Standardspektren. Als Referenztemperatur wurde $T_a = 300$ K gewählt.

Mit diesen Standardspektren können wir die zugehörigen Strahldichtetemperaturen in Abhängigkeit vom Parameter f berechnen. Das ist in der Abb. 8 gezeigt.

Die integrale Arbeitsfähigkeit W nach Gl.(31) läßt sich für Standardspektren ebenfalls als glatte Funktion in Abhängigkeit von f berechnen. Wir wählen eine Auftragung als *exergetischen Wirkungsgrad*, das Verhältnis von $W(f)$ zu der integralen *solaren* Bestrahlungsstärke $f\sigma T_S^4$, siehe die Abb. 9.

$$\eta^* = \frac{W(f)}{f\sigma T_S^4} \tag{37}$$

Die Abbildung 9 ist die Antwort auf die gestellte Frage nach der Arbeitsfähigkeit von solarer Strahlung. In der Tabelle sind für einige Werte von f die exergetischen Wirkungsgrade zusammengestellt.

Der Grenzfall $f = 0$ liefert $\eta^* = 0$, der Grenzfall $f = 1$ ist einfach zu ermitteln. Denn nach Gl. (30) ist dann

$$W = \left(\sigma T_S^4 - \sigma T_a^4 - T_a\Big(S(T_S) - S(T_a)\Big)\right). \tag{38}$$

Mit

$$S(T_S) - S(T_a) = \int_{T_a}^{T_S} \frac{d(\sigma T^4)}{TdT} = \frac{4}{3}\sigma T_S^3 - \frac{4}{3}\sigma T_a^3 \tag{39}$$

nach Gl.(26) wird

$$W = \sigma T_S^4 \left(1 - \frac{4}{3}\frac{T_a}{T_S} + \frac{1}{3}\frac{T_a^4}{T_S^4}\right). \tag{40}$$

Wir setzen Zahlenwerte ein: $T_S = 5777$ K und $T_a = 300$ K, und erhalten den oberen Grenzwert des exergetischen Wirkugsgrades solarer Strahlung

$$\eta^*(f=1) = 0,93. \tag{41}$$

Tabelle 1: Bestrahlungsstärke E, solarer Anteil ${}^S E = f\sigma T_S^4$ im Spektrum, Exergieflußdichte W und exergetischer Wirkungsgrad η^* der Standardspektren.

f	E Wm^{-2}	${}^S E$ Wm^{-2}	W Wm^{-2}	η^*
1	$631,6 \cdot 10^5$	$63,16 \cdot 10^6$	$58,78 \cdot 10^6$	0,9308
10^{-1}	$631,6 \cdot 10^4$	$63,16 \cdot 10^5$	$56,12 \cdot 10^5$	0,8887
10^{-2}	$632,0 \cdot 10^3$	$63,16 \cdot 10^4$	$53,37 \cdot 10^4$	0,8450
10^{-3}	$636,2 \cdot 10^2$	$63,16 \cdot 10^3$	$50,64 \cdot 10^3$	0,8018
10^{-4}	$767,5 \cdot 10^1$	$63,16 \cdot 10^2$	$47,98 \cdot 10^2$	0,7597
10^{-5}	$109,1 \cdot 10^1$	$63,16 \cdot 10^1$	$45,49 \cdot 10^1$	0,7203
10^{-6}	522,5	63,16	43,30	0,6856
10^{-7}	465,6	$63,16 \cdot 10^{-1}$	$41,31 \cdot 10^{-1}$	0,6541
10^{-8}	459,9	$63,16 \cdot 10^{-2}$	$39,07 \cdot 10^{-2}$	0,6186
10^{-9}	459,4	$63,16 \cdot 10^{-3}$	$36,76 \cdot 10^{-3}$	0,5821
10^{-10}	459,3	$63,16 \cdot 10^{-4}$	$34,79 \cdot 10^{-4}$	0,5508

Für die maximale solare Bestrahlungsstärke $E = 63,2$ MWm^{-2} benimmt sich die Strahlung nahezu wie ein Fluß an elektrischer Energie ($\eta^* = 1$): Fast die gesamte einfallende Strahlungsenergie ließe sich (bis auf 7 %) in Arbeit umsetzen.

Für $f = f_a = 2,165 \cdot 10^{-5}$ ist $E = E_{sc} = 1367$ Wm^{-2}. Wir erhalten dort $\eta^* = 0,72$: nur 984 Wm^{-2} an Arbeit können mit einem solaren Strahlungsfluß von 1367 Wm^{-2} als Arbeit verfügbar gemacht werden; der restliche Betrag von 383 Wm^{-2} ist Abwärme für die Abfuhr der überschüssigen Entropie.

Das bedeutet auch, der Entropiegehalt von Strahlung nimmt mit steigendem Verdünnungsgrad (mit abnehmendem Verdünnungsfaktor f) zu. Es ist deshalb von Interesse, den Verdünnungsgrad solarer Strahlung möglichst klein zu halten. Das gelingt durch *optische Konzentration* und mit *selektiven Absorbern*.

Optische Konzentration von Strahlung

Konzentration von Strahlung bedeutet allgemein Erhöhung der Energieflußdichte E eines Energieflusses Φ durch eine Aperturfläche A [4]. Wir können so für einen Konzentrator eine *Konzentrationszahl* C festlegen (oft einfacher als *Konzentration* bezeichnet)

$$C = \frac{E'}{E} = \frac{\Phi'}{\Phi} \cdot \frac{A}{A'}. \tag{42}$$

Es läuft Strahlung mit einer Winkelapertur θ (hier als Öffnungswinkel eines Kegels angenommen) durch die Aperturfläche A in den Konzentrator hinein, siehe die Abb. 10. Das entspricht einem Energiefluß von

$$\Phi_\nu d\nu = A \cdot E_\nu d\nu = A\pi \sin^2 \theta L_\nu(\nu, T) d\nu. \tag{43}$$

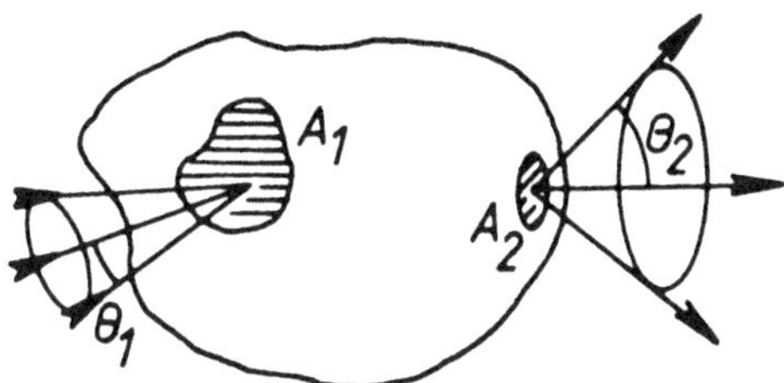

Abbildung 10: Schema eines Konzentrators

Wir haben hier die spektrale Komponente $E_\nu(\nu) = dE/d\nu$ in Abhängigkeit von der Frequenz statt wie bisher von der Wellenlänge $E_\lambda(\lambda) = dE/d\lambda$ geschrieben

$$L_\nu(\nu,T) = \frac{2h\nu^3}{c^2}\frac{1}{exp(h\nu/kT)-1} = \frac{\partial^3\Phi}{\partial A\cos\theta\partial\Omega\partial\nu}. \tag{44}$$

Das hat praktische Gründe, die weiter unten deutlich werden.

Derselbe Energiefluß $\Phi_\nu \mathrm{d}\nu$ muß einen idealen und passiven Konzentrator wieder verlassen

$$\Phi'_\nu \mathrm{d}\nu' = A'\pi\sin^2\theta' L_\nu(\nu',T')\mathrm{d}\nu' \equiv \Phi_\nu \mathrm{d}\nu. \tag{45}$$

Wir erkennen vier Variablen

$$A \to A', \qquad \theta \to \theta', \qquad \nu \to \nu', \qquad T \to T'.$$

Im idealen und passiven Konzentrator bleibt außer dem Energiefluß auch der Entropiefluß erhalten. Die aus Gl.(26) folgenden analogen Gleichungen sind

$$A \cdot S_\nu \mathrm{d}\nu = A\pi\sin^2\theta K_\nu(\nu,T)\mathrm{d}\nu \tag{46}$$

und

$$A' \cdot S'_\nu \mathrm{d}\nu = A'\pi\sin^2\theta' K_\nu(\nu',T')\mathrm{d}\nu' \equiv A \cdot S_\nu \mathrm{d}\nu. \tag{47}$$

Es bedeutet, siehe Gl.(28),

$$K_\nu = \frac{2k\nu^2}{c^2} \cdot Y. \tag{48}$$

Wir dividieren jeweils die linken und rechten Seiten der Gleichungen für Energie- und Entropieerhaltung durcheinander und erhalten

$$L_\nu(\nu,T)/K_\nu(\nu,T) = L_\nu(\nu',T')/K_\nu(\nu',T'). \tag{49}$$

Im passiven Konzentrator bleibt die Frequenz ν erhalten, woraus sofort nach Gl.(49) folgt, daß in dem Konzentrator auch die Strahldichtetemperatur unverändert bleibt: $T' = T$. Dieses Ergebnis liefert aus Gl.(45) oder aus Gl.(47) durch Kürzen mit $L_\nu(T) = L_\nu(T')$

bzw. mit $K_\nu(T) = K_\nu(T')$ einen bemerkenswerten „geometrischen" Erhaltungssatz für die Wirkung eines Konzentrators (Erhaltung der Étendue)

$$A \sin^2\theta = A' \sin^2\theta' = const. \tag{50}$$

Die Konzentrationszahl C läßt sich nun auch mit den Änderungen der Aperturwinkel für Ein- und Austritt der Strahlung schreiben

$$C = \frac{A}{A'} = \frac{\sin^2\theta'}{\sin^2\theta}. \tag{51}$$

Wir können eine Erweiterung vornehmen. Bislang hatten wir vorausgesetzt, daß sich die Strahlung im Vakuum ausbreitet. Normale Luft hat nur eine geringe Massendichte, so daß sie sich für die Strahlung (außer im Gebiet der Absorption) nahezu wie ein Vakuum benimmt. Das trifft nicht mehr zu bei größeren Massendichten wie in transparenten Flüssigkeiten und Festkörpern. Es ist dann die *Brechzahl* n zu berücksichtigen. Sie ist das Verhältnis der Phasengeschwindigkeiten im Vakuum c und in dem Medium $v(\nu)$

$$n(\nu) = \frac{c}{v(\nu)}. \tag{52}$$

An dieser Stelle wird deutlich, weshalb es Vorteile hat, mit Frequenzen ν statt mit Wellenlängen λ zu rechnen: Die Frequenz bleibt von der Brechzahl n unbeeinflußt, während die Wellenlänge von λ im Vakuum auf λ/n im Medium verkürzt wird. Für Kronglas und Strahlung mit Vakuum-Wellenlängen um 500 nm ist $n = 1,5$, für Wasser $n = 1,33$, für Luft $n = 1,00027$ (bei 20°C und 0,1 MPa). In der Planckschen Gleichung (44) ist daher c durch $v(\nu) = c/n$ zu ersetzen. Die Konsequenz für die Étendue ist, daß allgemein

$$n^2 A \sin^2\theta = const \tag{53}$$

in einem idealen, passiven Konzentrator gilt.

Die Konzentrationszahl wird somit

$$C = \frac{A}{A'} = \frac{n'^2 \sin^2\theta'}{n^2 \sin^2\theta}. \tag{54}$$

Diese Beziehung gilt für den sogenannten 3D-Konzentrator mit einem Konus als Winkelapertur, wie das für rotationssymmetrische Linsen und Spiegeln zutrifft. Häufig werden auch zweidimensionale Konzentratoren (2D- oder Linienkonzentratoren) gebaut. Dafür folgt die Konzentrationszahl

$$C = \frac{A}{A'} = \frac{n' \sin\theta'}{n \sin\theta}. \tag{55}$$

Nehmen wir jetzt die uns interessierende Sonne als Strahlungsquelle. Ihr Aperturwinkel θ_S ist aus $\sin\theta_S = R_S/D_{ES} = 4,65 \cdot 10^{-3}$ zu berechnen zu $\theta_S = 0,267°$. Das ist die Eingangs-Winkelapertur eines Konzentrators. Es ist außerdem $n = 1$. Die maximale Konzentrationszahl erhalten wir für eine hemisphärische Ausgangs-Winkelapertur $\theta' = 90°$. Der solare 3D-Konzentrator kann deshalb eine *maximale Konzentration* von

$$C(max, 3D) = n'^2 \left(\frac{D_{ES}}{R_S}\right)^2 = n'^2 \cdot 46\,200 \tag{56}$$

erreichen. Wenn das Medium an der Ausgangsapertur auch Vakuum (oder Luft) ist, wird $C(max, 3D) = 46\,200$: Das Sonnenbild erscheint um $1/46\,200 = 2{,}165 \cdot 10^{-5}$ mal kleiner als die Eingangsaperturfläche des Konzentrators.

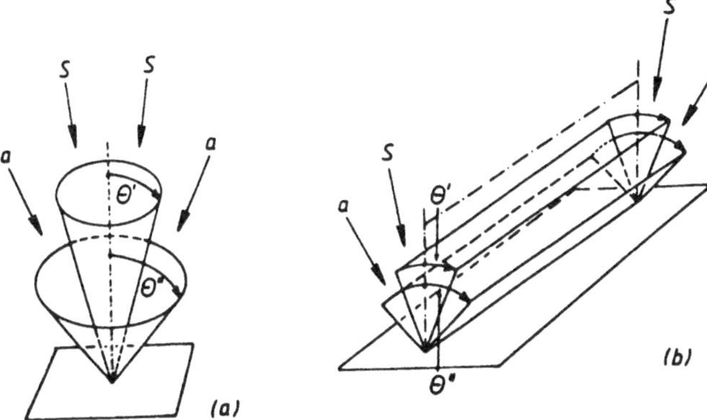

Abbildung 11: (a) 3D-Konzentrator. In den Konus mit Öffnungswinkel θ' gelangt solare Strahlung S; der Konus mit Öffnungswinkel von θ' bis θ'' ist offen für Umgebungsstrahlung a. (b) 2D-Konzentrator. Statt Rotationssymmetrie ist hier eine Liniensymmetrie. S und a haben die Bedeutung wie im Falle (a). Nicht angedeutet ist in der Skizze der seitliche Einfall von Umgebungsstrahlung, der unvermeidlich ist, weil die Sonne eine strahlende Scheibe und kein strahlendes Band von unendlicher Länge ist.

Für Quarzglas, $n = 1,46$, als Medium der Ausgangsapertur, ist $C(max, 3\text{D}) \approx 100\,000$: Das Sonnenbild erscheint bei 1 m Durchmesser der Eingangsapertur des 3D-Konzentrators als eine Scheibe von rd. 3,2 mm Durchmesser.

Bei 2D-Konzentratoren ist die maximale Konzentrationszahl der solaren Strahlung

$$C(max, 2\text{D}) = n' \cdot 215. \tag{57}$$

Wiederum für Quarzglas als Medium der Ausgangsapertur gerechnet wird $C(max, 2\text{D}) \approx 315$: Eine 1 m breite Parabolrinne würde einen Linienfokus von mindestens 3,2 mm Breite erzeugen (bei Luft statt Quarzglas wären es 4,7 mm Breite).

Es ist noch zu bemerken, daß Konzentratoren von hoher Konzentrationszahl Systeme sind, die die Sonnenscheibe nicht mehr Punkt für Punkt in der Fokalebene abbilden. Punktgetreue Abbildungen verlangen mit den üblichen sphärischen Linsen und Spiegeln schlanke Strahlenbündel. Optische Konzentratoren benutzen dagegen Ausgangs-Öffnungswinkel der Bündel bis 90°. Es geht bei ihnen darum, den Energiefluß und nicht auch die Bildinformation von einer Eingangsapertur A vollständig durch eine (kleinere) Ausgangsapertur A' zu schleusen.

Der Zusammenhang zwischen Konzentrationszahl C und Verdünnungsfaktor f im solaren Standardspektrum Gl.(32) ist einfach. Für 3D-Konzentratoren gilt

$$f = \frac{\sin^2\theta'}{\sin^2\theta''} = C\frac{\sin^2\theta_S}{\sin^2\theta''} = C \cdot \frac{2,165 \cdot 10^{-5}}{\sin^2\theta''}. \tag{58}$$

Die Winkel θ' und θ'' sind in der Abb. 11 verdeutlicht.

Die Verdünnung der solaren Strahlung mit Umgebungsstrahlung ist im Standardspektrum, hier ausführlicher geschrieben

$$
\begin{aligned}
E_\lambda &= \tau \sin^2\theta' \pi L_\lambda(T_S) + (\sin^2\theta'' - \tau\sin^2\theta')\pi L_\lambda(T_a) \\
&= \sin^2\theta'' \Big(\tau f \pi L_\lambda(T_S) + (1-\tau f)\pi L_\lambda(T_a) \Big).
\end{aligned} \tag{59}
$$

Die Bestrahlungsstärke E_λ kommt vom Strahlungsgemisch im Konus mit Öffnungswinkel θ'' zustande. τ ist der Transmissionsgrad durch die Atmosphäre. Es ist naturgemäß $\theta'' \geq \theta'$, so daß der Verdünnungsfaktor f als größten Wert 1 annehmen kann. Auf einen flachen Empfänger (flachen Absorber) ist $\theta'' = 90°$ und so gilt

$$
E_\lambda = \tau f \pi L_\lambda(T_S + (1-\tau f)\pi L_\lambda(T_a) \tag{60}
$$

mit $f = C \cdot 2,165 \cdot 10^{-5}$. Damit ist die Frage nach der Beeinflußbarkeit des Verdünnungsfaktors f durch optische Konzentration beantwortet. Es bleibt anzumerken, daß in E_λ der solare Anteil relativ an Gewicht gewinnt, wenn θ' zwar konstant gehalten wird (z.B. auf den astronomisch bedingten Wert von 0,267°), jedoch die Differenz $\theta'' - \theta'$ verkleinert wird. Das läuft auf eine zunehmende Abschirmung der solaren Strahlung von der Zumischung an Umggebungsstrahlung hinaus, die beim 3D-Konzentrator schließlich ein vollständiger Ausschluß sein kann. Francia hat 1965 in Genua nach diesem Prinzip „Konzentratoren" gebaut. Er verwendete Röhrenbündel, deren Achse auf die Sonne ausgerichtet war. Auf der unteren Seite befand sich ein flacher schwarzer Absorber. Die Röhren hatten ein Durchmesser/Lange-Verhältnis, das nahe an $R_S/D_{ES} = 4,65 \cdot 10^{-3}$ kam. Sie bestanden aus Glas (dieses läßt die langwellige Umgebungsstrahlung nicht durch). Sie hätten auch aus Metall gemacht werden können, mit einer diffus spiegelnden Innenfläche.

In allen Fällen kann als Maß der *integralen* Qualität der Strahlung die Temperatur T abgelesen werden, die sich im Strahlungsgleichgewicht von Absorption und Emission an einer schwarzen Fläche einstellt

$$
\underbrace{\int_0^\infty E_\lambda \mathrm{d}\lambda}_{\text{absorbierte Strahlung}} = \underbrace{\sin^2\theta'' \sigma T^4}_{\text{thermische Emission}}. \tag{61}
$$

Durch Einsetzen von Gl. (59) und mit der vereinfachenden Annahme, daß τ und f wellenlängenunabhängig sind, liefert die Integration

$$
\tau f \sigma T_S^4 + (1-\tau f)\sigma T_a^4 = \sigma T^4. \tag{62}
$$

Beispiele: mit $T_S = 5777$ K, $T_a = 300$ K wird für

$$
\begin{aligned}
\tau f &= 2,165 \cdot 10^{-5} & T &= 424 \text{ K} \\
\tau f &= 10^{-3} & T &= 1029 \text{ K} \\
\tau f &= 1 & T &= 5777 \text{ K}
\end{aligned}
$$

Selektive Absorption

Die Steigerung der exergetischen Qualität einfallender Sonnenstrahlung durch Konzentratoren beruhte auf der Reduzierung einer Zumischung der exergetisch wertlosen Umgebungsstrahlung. Der optische Konzentrator verlangt eine Ausrichhtung auf die Sonne, um den kleinen solaren Öffnungswinkel $\Theta_S = 0,267°$ auf einen Ausgangs-Aperturwinkel von

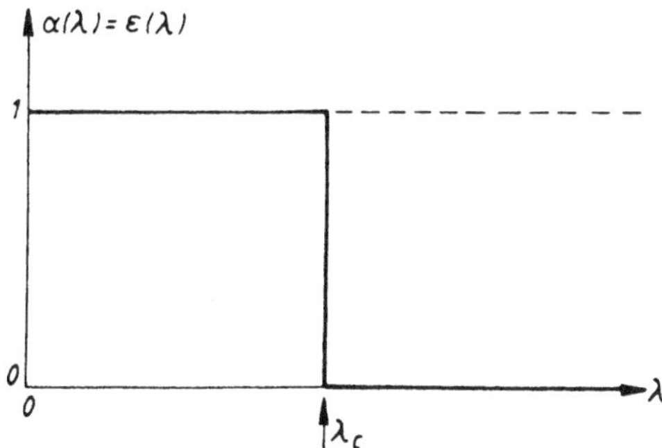

Abbildung 12: Selektive Absorption. Im Wellenlängenbereich $\lambda < \lambda_c$ wird angenommen, daß der Absorptionsgrad $\alpha = 1$ ist, während im Bereich jenseits von λ_c der Emissionsgrad $\epsilon = 0$ sein soll. Zu beachten ist, daß sich das Sonnenspektrum und das Spektrum der thermischen Emission des selektiven Absorbers zu einem Teil überlappen, der mit der Absorbertemperatur ansteigt. Deshalb ist die beste Lage der Abschneidewellenlänge λ_c von der Betriebstemperatur des Absorbers abhängig.

$\Theta' \to 90°$ zu bringen. Das läßt sich nur mit dem *direkten* Anteil der Strahlung bewerkstelligen.

Auf einem völlig anderem Wege kann ebenfalls eine Qualitätssteigerung erreicht werden: durch *selektive Absorption* des Strahlungsangebots [5]. Hierbei kommt es nicht mehr auf den Richtungsunterschied zwischen Sonnen- und Umgebungsstrahlung an: Es wird der Wellenlängenunterschied zwischen Sonnen- und längerwelliger Strahlung ausgenutzt. Deshalb läßt sich mit der selektiven Absorption die direkte wie die diffuse Strahlung (als Summe *Globalstrahlung* genannt) verwenden.

Das Prinzip ist in der Abb. 12 erläutert. Der Strahlungskonverter (Absorber) ist nur im Bereich $\lambda < \lambda_c$ möglichst schwarz, d.h. $\alpha(\lambda < \lambda_c) = 1$. Im Bereich $\lambda > \lambda_c$ soll er dagegen möglichst gar nicht absorbieren: $\alpha(\lambda > \lambda_c) = 0$. Dem entspricht Transparenz und Reflexion: $\tau(\lambda > \lambda_c) + \rho(\lambda > \lambda_c) = 1$.

Wir nehmen wieder als Maß der integralen Qualität der Strahlung die Temperatur T, die sich im Gleichgewicht von Absorption und thermischer Emission an einem flachen Absorber einstellt

$$\int_0^\infty \alpha(\lambda) E_\lambda \mathrm{d}\lambda = \int_0^\infty \epsilon(\lambda) \pi L_\lambda(T) \mathrm{d}\lambda \tag{63}$$

oder mit der Stufenfunktion $\alpha(\lambda) = 1$ für $\lambda < \lambda_c$ und $\alpha(\lambda) = 0$ für $\lambda > \lambda_c$

$$\int_0^{\lambda_c} E_\lambda \mathrm{d}\lambda = \int_0^{\lambda_c} \pi L_\lambda(T) \mathrm{d}\lambda. \tag{64}$$

Die Integration macht mathematisch Schwierigkeiten: sie läßt sich nicht in einem geschlossenen Ausdruck wie Gl.(62) angeben. Qualitativ erkennen wir jedoch,

- die sich einstellende Gleichgewichtstemperatur ist eine Funktion der Abschneidewellenlänge, $T = T(\lambda_c)$;
- Substitution von E_λ durch eine Plancksche Bestrahlungsdichte, $E_\lambda = \sin^2\Theta\pi L_\lambda(T)$, siehe Gl.(21), mit der äquivalenten Strahldichtetemperatur $T(\lambda)$ liefert nach Gl.(64) unmittelbar für die Gleichgewichtstemperatur

$$T \geq T(\lambda_c). \tag{65}$$

Das Gleichheitszeichen gilt für den Fall, daß $T(\lambda) = const$ über allen Wellenlängen. Das ist für $T(\lambda) = T_S = 5777$ K der Fall: Diese Temperatur wird aber nur bei $\tau f = 1$ erreicht. Einige Zahlenwerte sind in der Tabelle 2 zusammengestellt. Im Vergleich zum schwarzen (d.h. nicht-selektiven) Absorber, dessen Gleichgewichtstemperaturen am Ende des vorigen Abschnittes genannt wurden, erkennt man die überraschend hohe Anhebung der Temperaturen. Allerdings muß dafür ein Preis bezahlt werden, denn nur der Bruchteil

$$g = \frac{\int_0^{\lambda_c} E_\lambda \mathrm{d}\lambda}{\int_0^\infty E_\lambda \mathrm{d}\lambda}$$

der insgesamt verfügbaren Strahlungsleistung $\int_0^\infty E_\lambda \mathrm{d}\lambda$ kommt ins Spiel zur Erzeugung der hohen Temperaturen. Dieser Bruchtel g ist in der letzten Spalte der Tabelle angegeben.

Tabelle 2: Selektive Absorption. Gleichgewichtstemperaturen T für verschiedene Bestrahlungsstärken, ausgedrückt durch τf des Standardspektrums. Variiert wird die Abschneidewellenlänge λ_c. Angegeben ist auch der Bruchteil g der genutzten Strahlung, siehe den Text. Es gilt außerdem für die insgesamt einfallende Strahlung: bei $\tau f = 2,165 \cdot 10^{-5}$, bzw. 10^{-3}, bzw. 1 sind es 1841, $6,392 \cdot 10^4$, bzw. $6,347 \cdot 10^7$ W/m^2.

τf	λ_c	T	g
$2,165 \cdot 10^{-5}$	200 nm	3199 K	0,11%
	500 nm	2019 K	18.4 %
	2500 nm	786 K	66,9 %
10^{-3}	200 nm	3815 K	0,15%
	500 nm	2673 K	24,5 %
	2500 nm	1329 K	95,6 %
1	200 nm	5777 K	0,15%
	500 nm	5777 K	24,7 %
	2500 nm	5777 K	96,3 %

Teil II

Prozeßwärme-Erzeugung

Es kommt darauf an, welches praktisches Interesse in der Nutzung der Sonnenstrahlung als Prozeßwärmequelle im Einzelnen vorliegt:

- Kommt es auf hohe Temperaturen an, ohne daß zugleich Leistung angefordert wird? Beispiele sind die exothermen und thermoneutralen Prozesse, deren Reaktionsgeschwindigkeit und eventuell auch der Reaktionsablauf von dem Temperaturniveau abhängt. Hierzu gehören Crack-Prozesse, Sinterprozesse in keramischen Materialien; oder

- kommt es auf Temperaturen *und* Leistung an? Dann ist zu unterscheiden,

  - ob eine *Prozeßtemperatur vorgegeben* ist. Die Wärmeleistung kann in diesem Fall durch die Wahl der Abschneidewellenlänge λ_c maximal gemacht werden; es gibt nur diesen einen Einstellparameter;
  - ob *maximale thermodynamische Arbeitsfähigkeit* W gefragt ist. Hier sind für einen Absorber zwei Einstellparameter vorhanden, T und λ_c, um die Exergie W der Wärmeleistung zu maximieren.

Wir untersuchen diese beiden letzten Fälle genauer. Sie sind in der solaren Chemie von herausragender Bedeutung, weil

- eine chemische Reaktion oft eine Temperaturschwelle aufweist, oberhalb der erst Umsatz möglich wird;

- die Freie Enthalpie ΔG eines Reaktionsumsatzes direkt dem Exergiebedarf entspricht.

Im ersten Fall muß (bei Vernachlässigung konvektiver und konduktiver Verlustterme) die Wärmeproduktion

$$Q(T) = \int_0^\infty \alpha(\lambda) E_\lambda \mathrm{d}\lambda - \int_0^\infty \epsilon(\lambda)\pi L_\lambda(T)\mathrm{d}\lambda \tag{66}$$

bei vorgegebener Temperatur T ein Maximum werden. Wir nehmen für $\alpha(\lambda) = \epsilon(\lambda)$ eine Stufenfunktion mit der Stufe bei $\lambda = \lambda_c$. Die notwendige Bedingung für ein Maximum ist

$$\frac{\partial Q(T)}{\partial \lambda_c} = E_\lambda(\lambda_c) - \pi L_\lambda(T, \lambda_c) = 0. \tag{67}$$

Diese Bedingung bringt uns auf Bekanntes: Durch Auflösen von Gl.(67) nach T erhalten wir den schon in Gl.(22) als „äquivalente Strahldichtetemperatur" genannten Ausdruck

$$T(\lambda_c) = \frac{hc}{k\lambda_c} / \ln\left(1 + \frac{2\pi hc^2}{\lambda_c^5 E_\lambda(\lambda_c)}\right). \tag{68}$$

Das hat eine wichtige Konsequenz: In der Abb. 8 läßt sich aus der Darstellung $T = T(\lambda)$ für verschiedene Standardspektren sofort aus einer vorgegebenen Absorbertemperatur T die zugehörige Abschneidewellenlänge λ_c ablesen. Zugleich liefert die Abb. 13 aus der Darstellung $\int_0^\lambda E_\lambda \mathrm{d}\lambda / \int_0^\infty E_\lambda \mathrm{d}\lambda$ für $\lambda = \lambda_c$ den Anteil von der gesamten Strahlungsflußdichte $\int_0^\infty E_\lambda \mathrm{d}\lambda$, der für diese Prozeßwärme $Q(T)$ zur Verfügung steht. Die Abb. 8 legt eine Interpretation

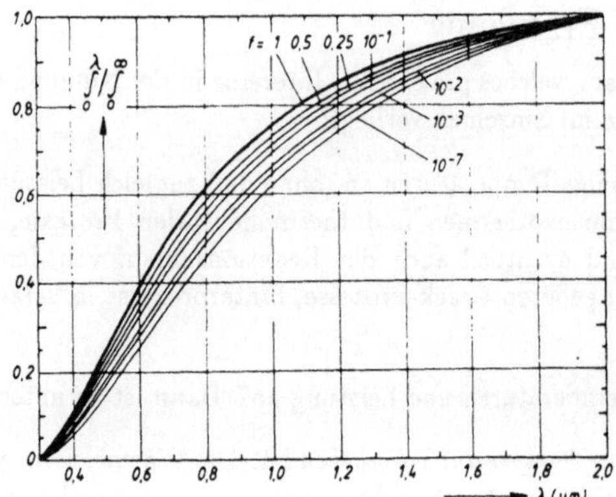

Abbildung 13: Summenlinien $\int_0^\lambda E_\lambda \mathrm{d}\lambda / \int_0^\infty E_\lambda \mathrm{d}\lambda$ für Standardspektren mit Verdünnungsfaktor f als Parameter.

nahe: Es sollte nur Strahlung mit einer Strahldichtetemperatur $T(\lambda)$ höher als die Absorbertemperatur T absorbiert werden können; die Temperaturdifferenz $T(\lambda) - T$ sollte ≥ 0 sein. Nur dann geht „Wärme von der Strahlung auf den Absorber" über. Dagegen sollte als Verlustprozeß verhindert werden, daß bei Wellenlängen mit $T(\lambda) < T$ „Wärme vom heißen Absorber als Strahlung" verloren geht.

Der zweite Fall einer Abstimmung, $W = \Delta G$, verlangt, daß die Exergie W, die sich mit Strahlung gewinnen läßt, als Freie Reaktionsenthalpie in einem chemischen Umsatz, z.B. der Form AB $\rightarrow$ A + B, aufgenommen wird. Die Exergie W der Strahlung haben wir bereits aus allgemeinen Überlegungen hergeleitet und in der Abb. 9 dargestellt. Aber wie realisiert man die Nutzung dieser Strahlungsexergie?

Ein Weg ist über einen Strahlungsabsorber, der als Wärmequelle für den Antrieb einer (idealen) Wärmekraftmaschine genommen werden könnte

$$W = Q\left(1 - \frac{T_a}{T}\right) = \underbrace{\left(\int_0^\infty \alpha(\lambda) E_\lambda \mathrm{d}\lambda - \int_0^\infty \epsilon(\lambda) \pi L_\lambda(T) \mathrm{d}\lambda\right)}_{\textbf{Wärmeproduktion}} \underbrace{\left(1 - \frac{T_a}{T}\right)}_{\textbf{Carnot-Faktor}}. \tag{69}$$

Hier haben wir *zwei* freie, von einander unabhängige Einstellparameter, T (einzustellen durch die Stärke der Wärmeabfuhr) und λ_c (einzustellen durch die Wahl eines selektiven Absorbers mit Abbruchkante bei λ_c). Die notwendigen Bedingungen für ein Maximum von $W(T, \lambda_c)$ sind deshalb

$$\frac{\partial W}{\partial T} = 0 \qquad \frac{\partial W}{\partial \lambda_c} = 0.$$

Die zweite dieser beiden Bedingungen hatten wir vorhin kennengelernt: Sie lieferte die Gl.(67). Daraus ist der Zusammenhang zwischen T und λ_c als Funktion $T = T(\lambda_c)$ nach Gl.(68) zu finden.

Aber wie hoch muß T gewählt werden? Die Antwort liefert die erste Maximumsbedingung $\partial W / \partial T = 0$. Sie läßt sich jedoch - und das ist nur ein rechentechnisches Problem

Tabelle 3: Optimale Arbeitstemperaturen T eines schwarzen Absorbers. Standardspektrum mit Verdünnungsfaktor f. Angegeben sind die exergetischen Wirkungsgrade η^*(Absorber) = W(Absorber)$/E$ und η^*(Strahlung) = W(Strahlung)$/E$. Es bedeutet $E = \int_0^\infty E_\lambda d\lambda = f\sigma T_S^4$.

f	T	η^*(Absorber)	η^*(Strahlung)
$2,165 \cdot 10^{-5}$	363,5 K	0,11	0,72
10^{-3}	662,3 K	0,46	0,80
1	2470 K	0,85	0,93

- nicht einfach auswerten. Die Schuld liegt bei der mathematisch komplizierten Form des nach T zu differenzierenden Produkts $\int_0^\infty \pi L_\lambda(T) d\lambda (1 - T_a/T)$.

Verzichten wir deshalb vorerst auf die Einstellung der Abschneidewellenlänge λ_c, indem wir einen *schwarzen* Absorber nehmen, $\alpha(\lambda) = \epsilon(\lambda) = 1$ für alle Wellenlängen. In diesem Fall wird, siehe Gl.(62), mit dem Standardspektrum für E_λ,

$$W = f\sigma T_S^4\left[1 + \frac{(1-f)}{f}\frac{T_a^4}{T_S^4} - \frac{T^4}{fT_S^4}\right]\left(1 - \frac{T_a}{T}\right). \tag{70}$$

Mit steigender Absorbertemperatur T nimmt der nutzbare Mengenanteil $[\cdots]$ der solaren Strahlung $f\sigma T_S^4$ ab, aber im Carnot-Faktor $(\cdots)$ steigt seine Qualität mit T an. Es wird also eine Besttemperatur geben (einen optimalen „Arbeitspunkt"), bei der $W(T)$ ein Maximum erreicht. Wir berechnen die Besttemperatur aus

$$\frac{\partial W}{\partial T} = f\sigma T_S^4\left[\frac{-4T^3}{fT_S^4}(1 - \frac{T_a}{T}) + \left(1 + \frac{(1-f)}{f}\frac{T_a^4}{T_S^4} - \frac{T^4}{fT_S^4}\right)\frac{T_a}{T^2}\right] = 0.$$

Wie wir sehen, ist das Ergebnis eine unhandliche Gleichung 5ten Grades in T. Sie hat zwischen $T_S = 5777$ K und $T_a = 300$ K für verschiedene Verdünnungsfaktoren f die Lösungswerte, die in der Tab. 3 zusammengestellt sind.

Das sind die Temperaturen, die für den Betrieb eines schwarzen Absorbers maximale Exergie liefern. In der Tab. 3 sind auch die zugehörigen Wirkungsgrade für diese techisch einfache Umwandlug von Strahlungsenergie über Absorption vermerkt. Außerdem ist die Exergie der Strahlung zur Beurteilung der Güte des Umwandlungsweges eingetragen, die bereits für die Tab. 1 berechnet worden war. Je höher die Flußdichte der Strahlung ist, um so höher ist die optimale Arbeitstemperatur des Absorbers und um so besser ist die Erhaltung der Exergie der Strahlung in der Umwandlung zu Prozeßwärme. Ohne Konzentration, $f = 2,165 \cdot 10^{-5}$, läßt sich höchstens 11% der Strahlungsenergie als Exergie der Wärme aus dem Absorber erhalten; eine thermodynamisch perfekte Umwandlung würde dagegen 72% liefern.

Diese Überlegungen gelten für den schwarzen Absorber. Wir erwarten deshalb, daß bei einem selektiven Absorber über den zusätzlichen Einstellparameter λ_c höhere Güten erreichbar sind. Wir gehen dazu zurück auf Gl.(69) und suchen mit $\partial W/\partial\lambda_c = 0$ die optimale Wertekombination von T und λ_c. In der Tab. 4 sind einige numerische Ergebnisse zusammengetragen.

Die Verbesserung der exergetischen Wirkungsgrade durch selektive Absorption ist drastisch bei geringen solaren Bestrahlungsstärken E_λ (kleinen f-Faktoren). Bei hoher Konzentration, ab $f > 10^{-2}$, liegt das optimale λ_c weit im Langwelligen, wo das solare Spektrum

Tabelle 4: Optimale Arbeitstemperaturen T und Abschneidewellenlängen λ_c für maximale Arbeitsfähigkeit der Prozeßwärme aus einem selektiven Absorber. Standardspektren mit Verdünnungsfaktor f. Angegeben sind die exergetischen Wirkungsgrade $\eta^*(\text{Absorber}) = W(\text{Absorber})/E$ und $\eta^*(\text{Strahlung}) = W(\text{Strahlung})/E$. Es bedeutet $E = \int_0^\infty E_\lambda d\lambda = f\sigma T_S^4$.

f	T	λ_c	η^*(Absorber)	η^*(Strahlung)
$2,165 \cdot 10^{-5}$	808 K	1350 nm	0,53	0,72
10^{-3}	1040 K	1750 nm	0,61	0,80
1	2470 K	∞	0,85	0,93

nur noch wenig Energieflußdichte beiträgt: Das Verhältnis

$$\eta^*(\text{selektiver Absorber})/\eta^*(\text{schwarzer Absorber})$$

nähert sich deshalb 1.

Es bleibt noch anzumerken, daß es möglich ist, über Absorption und demzufolge über Wärmeproduktion aus Strahlung näher an die thermodynamische Grenze η^*(Strahlung) heranzukommen, als uns das nach Tab. 4 mit der selektiven Absorption gelingt. Dazu benötigen wir verständlicherweise weitere Einstellparameter als nur die beiden bislang bemühten T und λ_c. Das wäre möglich durch *spektrale Aufteilung* der Absorption auf mehrere, z.B. auf n thermisch unabhängige Absorber. Jeder dieser Absorber hätte zwei freie Einstellgrößen T_i und λ_{c_i}, so daß insgesamt $2n$ Anpassungsparameter verfügbar wären. Der Grenzfall $n \to \infty$ wird „vollselektiv" genannt. In der Abb. 14 sind die drei erörterten Absorberarten: schwarz, selektiv, vollselektiv mit ihren exergetischen Wirkungsgraden η^* in Abhängigkeit von dem Verdünnungsfaktor f der Standardspektren zusammengestellt. Ebenfalls eingetragen ist der maximale Wert, der die Strahlung aus Standardspektren an Exergie zuläßt.

Umsetzung zu elektrischer Arbeit

Exergie bedeutet *Arbeit* (sie ist eine Prozeßgröße), die mit der Änderung eines Systeminhalts oder über andere Prozeßgrößen (Stoffflüsse, Hochtemperaturwärme, Strahlung) maximal zu gewinnen ist. Erforderlich ist die Wechselwirkung des Systems mit der Umgebung. Zu- oder Abfluß von Niedertemperaturwärme (Abwärme) muß nämlich die Entropiebilanz des Umsetzungsprozesses gewährleisten.

Für solare Einstrahlung wurde im Abschnitt 'Prozeßwärmeerzeugung' der mit ihr zu gewinnende Fluß an Exergie ermittelt. Diese Exergie wäre daher zugleich die mit dem Strahlungsfluß durch einen thermodynamisch besten, d.h. reversibel arbeitenden Konverter maximal erhältliche elektrische Leistung. Mit terrestrischer Sonnenstrahlung (Verdünnungsfaktor rd. $f = 1 \cdot 10^{-5}$) wären das bei 300 K Umgebungstemperatur rd. 70 % des Energieflusses.

Der Strahlungsfluß bringt einen Entropiefluß mit sich in den Konverter. Wegen der entropiefrei abfließenden elektrischen Leistung kann diese überschüssige Entropie nur mit Abwärme, d.h. mit einen verloren gehenden Teil des einfallenden Energieflusses den (stationär arbeitenden) Konverter verlassen. Das sind im Beispiel 30 % des Energieinhaltes der einfallenden solaren Strahlung.

Wie würde ein idealer Konverter für die Umsetzung von Strahlungsenergie in elektrische Energie aufgebaut sein? Die Entwicklung solcher Vorrichtungen einer *Direktumwandlung*

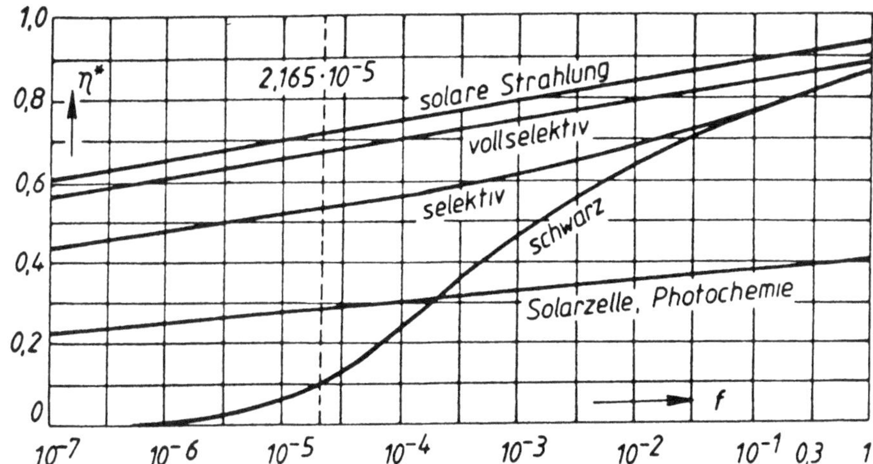

Abbildung 14: Exergetische Wirkungsgrade $\eta^* = W/f\sigma T_S^4$ der Umwandlung von Strahlungsenergie in Arbeit über den Weg Absorption → Prozeßwärme → Wärmekraft. Standardspektren mit $T_S = 5777$ K und $T_a = 300$ K. Umgebungstemperatur (Bezugstemperatur für die Exergieberechnung) 300 K. Die obere Kurve zeigt die Exergie der Strahlung, die untere die Exergie aus einem schwarzen Absorber. Die nächste Kurve bezieht sich auf den einfach-selektiven Absorber; darüber liegt die Kurve für den vollselektiven Absorber.

von elektromagnetischer Energie der Strahlung in nutzbare Energie eines Stromes elektrischer Ladungen ist immer noch ein offenes Feld der Grundlagenforschung.

Gegenwärtig werden in der solaren Verfahrenstechnik drei „klassische“ Wege begangen

1. Strahlungsenergie wird zu Prozeßwärme umgewandelt. Ein *Wärme-Kraft-Prozeß* liefert anschließend die gewünschte elektrische Energie. Die Konversion zu Prozeßwärme über Strahlungsabsorption und den damit verbundenen Exergieverlust haben wir bereits erläutert. Die Berechnung der Prozeßwärmeexergie setzte die Kopplung an einer idealen Wärmekraftmaschine voraus. In Wirklichkeit wird ein Absorber weitere exergetische Verluste z.B. über Wärmeleitung und innere Temperaturgradienten haben. Er müßte auch in seinem optimalen Arbeitspunkt betrieben werden, der je nach Strahlungskonzentration bei einer heute kaum materialtechnisch beherrschbaren hohen Temperatur liegen könnte. Außerdem gibt es keine ideale Wärmekraftmaschinen. Das sind Gründe, weshalb die Ausbeute an elektrischer Energie über den Weg der Prozëßwärme nur ein Bruchteil der möglichen Strahlungsexergie sein wird.

2. Es wird der *photovoltaische Effekt* der Strahlungsabsorption in Halbleitern ausgenutzt. Das soll weiter unter näher behandelt werden. Auch hier kommen prinzipielle Exergieverluste ins Spiel, die im praktischen Fall im Vergleich zu dem Weg über Prozeßwärme oft noch größer sind. Dennoch weist Photovoltaik vor allem bei kleinen Leistungen, bei überwiegend diffuser Einstrahlung und technisch durch geringen Aufwand konkurrenzfähige Vorteile auf [6].

3. Produktion von elektrischer Energie über *chemische Umwandlungen*. Strahlung kann

unmittelbar über photochemische Reaktionen an Elektroden in Elektrolytlösungen elektrische Energie liefern. Oder es werden auf anderem Wege mit Strahlungsenergie energiereiche chemische Substanzen aufgebaut, z.B. durch Photosynthese. Mit diesen läßt sich direkt oder vorzugsweise nach vorangegangener Reformierung zu Wasserstoff in elektrochemisch arbeitenden *Brennstoffzellen* elektrische Energie gewinnen. Mit diesem dritten Weg besteht gegenwärtig noch wenig Erfahrung.

Im folgenden Abschnitt wird die Güte der Konversion von Strahlung über Photovoltaik zu elektrischer Energie untersucht. Es geht wieder um die Feststellung der thermodynamisch maximal zu erwartenden Ausbeuten.

Photovoltaische Umsetzung von Strahlungsenergie

Grundlage der Photovoltaik ist die Photo-Ionisation der elektronischen Valenzbindungen in Halbleitern. Es wird dazu pro ionisierte Bindung zumindest eine Menge E_{Ph} an Strahlungsenergie absorbiert, die der Ionisationsenergie E_g, der sog. *Bandlücken-* oder *Gap-Energie* des Halbleitermaterials entspricht, $E_{Ph} \geq E_g$. Die Größenordnung von E_g ist für gängige Halbleiter Tab. 5 zu entnehmen.

Der Absorptionsakt ist ein *Quantenprozeß*. Die Strahlung benimmt sich dabei so, als ob sie aus diskreten Energieteilchen, den *Photonen*, bestünde. Die Photonenenergie ist, wie Planck 1900 entdeckte, frequenz- bzw- wellenlängenabhängig

$$E_{Ph} = h\nu = \frac{hc}{\lambda}.$$

In jedem Photo-Ionisationsakt verschwindet ein Photon. Dafür werden aus der ursprünglich elektrisch neutralen Valenzbindung ein Elektron und das zugehörige positiv geladene Defektelektron als Ladungsträger frei. Ein Energieüberschuß $E_{Ph} - E_g$, der nicht als potentielle Energie E_g in der Ladungstrennung investiert ist, erscheint als Bewegungsenergie der Ladungsträger. Diese werden im Halbleiter abgebremst, wodurch er sich erwärmt. Photonen mit Energie kleiner als die Bandlückenenergie, $E_{Ph} \leq E_g$, können keine Ionisation bewirken; der Halbleiter absorbiert deshalb für Wellenlangen $\lambda \geq \lambda_g = hc/E_g$ nicht (er ist für diese längeren Wellen transparent).

Die insgesamt absorbierte Strahlungsenergie E muß in die Zahl N_{Ph} von Absorptionsakten umgerechnet werden, um die Anzahl der erzeugten Ladungsträgerpaare angeben zu können

$$N_g = \int_{\nu_g}^{\infty} \left(\frac{E_\nu}{h\nu}\right) \mathrm{d}\nu = \int_0^{\lambda_g} \frac{\lambda E_\lambda}{hc} \mathrm{d}\lambda.$$

Die ionisierende Absorption von Strahlung in Halbleitern erzeugt Ladungsträger beiden Vorzeichens. Durch äußeres Anlegen eines elektrischen Feldes laßt sich die *Photo-Leitfähigkeit* als Strom durch den Halbleiter nachweisen. Sie erweist sich tatsächlich als gut proportional zu der wirksamen Bestrahlungsstärke $E = \int_0^{\lambda_g} E_\lambda \mathrm{d}\lambda$.

Aus dem elektrisch passiven Photoleiter läßt sich ein elektrisch aktives Element, die *Photozelle* herstellen. Dazu wird eine intelligente innere Struktur des Stückes Halbleitermaterial benötigt, die sich durch räumlich verschiedenes Dotieren mit Fremdatomen aufbauen läßt. Es wird so über Raumladungen ein inneres elektrisches Feld eingebaut, das die durch Photoionisation erzeugten Ladungsträger räumlich trennt. So erhält der bestrahlte Halbleiter wie ein galvanisches Element eine elektrische Polarität. Über äußere Elektroden kann eine Spannung U_e gemessen und ein Stromkreis zu einem Verbraucher geschlossen werden.

Tabelle 5: Experimentelle Werte für Energielücke E_g, Vakuumwellenlänge $\lambda = hc/E_g$, statische Dielektrizitätskonstante ϵ. Die Bezeichnungen i und d vermerken den indirekten bzw. direkten optischen Übergang. Die Werte gelten für 300 K

Material	Symbol	Übergang	E_g (eV)	λ_g (μm)	ϵ
Diamant	C	i	5,47	0,23	5,7
Silizium, kristallin	Si	i	1,12	1,107	11,9
Silizium, amorph	Si	d			
Germanium	Ge	i	0,66	1,88	16,0
Siliziumkarbid	SiC	i	3,00	0,41	10,0
Aluminiumantimonid	AlSb	i	1,58	0,78	14,4
Galliumnitrid	GaN		3,36	0,37	12,2
Galliumphosphid	GaP	i	2,26	0,55	11,1
Galliumarsenid	GaAs	d	1,42	0,87	13,1
Galliumantimonid	GaSb	d	0,72	1,59	15,7
Indiumphosphid	InP	d	1,35	0,92	12,4
Indiumarsenid	InAs	d	0,36	3,44	14,6
Indiumantimonid	InSb	d	0,17	7,30	17,7
Zinkoxid	ZnO	d	3,35	0,37	9,0
Zinksulfid	ZnS	d	3,68	0,34	5,2
Cadmiumsulfid	CdS	d	2,42	0,51	5,4
Cadmiumselenid	CdSe	d	1,70	0,73	10,0
Cadmiumtellurid	CdTe	d	1,56	0,79	10,2
Bleisulfid	PbS	d	0,41	3,02	17,0
Bleiselenid	PbSe	d	0,27	4,59	24
Bleitellurid	PbTe	d	0,30	4,13	30,0

Bei einer Stromstärke i ist die abgegebene elektrische Leistung

$$W = U_e \cdot i.$$

Es geht darum, diese elektrische Leistung aus der Photozelle ins Verhältnis zu setzen zu der angebotenen Strahlungsleistung E. Der gesuchte Wirkungsgrad der Umsetzung ist folglich

$$\eta^* = \frac{W}{E}.$$

Das Problem ist, daß W auch im besten Fall nicht einfach

$$i \cdot U_e = (N_g \cdot e_o)\left(\frac{E_g}{e_o}\right) = E_g \int_0^{\lambda_g} \lambda E_\lambda \mathrm{d}\lambda / hc$$

gesetzt werden kann. Es ist mit inneren Rekombinationen der Ladungsträger zu rechnen, die den nach außen verfügbaren Strom kleiner machen als $i = N_g e_o$ (es ist e_o die Elementarladung des Elektrons, $e_o = 1,6022 \cdot 10^{-19}$ As). Außerdem ist die Spannung U_e kleiner als die maximal erwartete Spannung $U_g = E_g/e_o$.

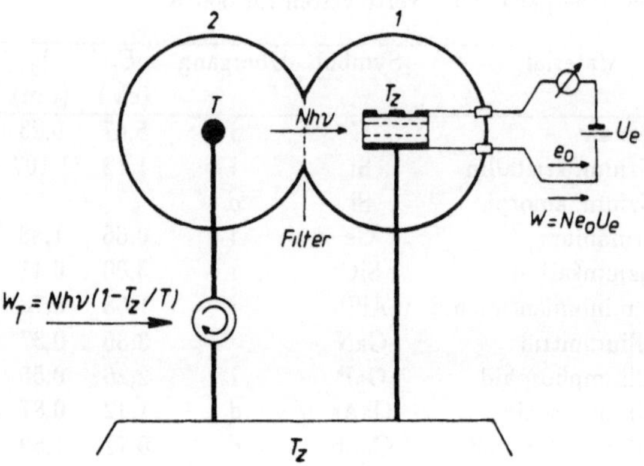

Abbildung 15: Ideale Photozelle im spektralen Strahlungsgleichgewicht mit Schwarzkörperstrahlung der Temperatur T bei der Frequenz ν.

Die Abweichungen haben im praktischen Fall zwar viel mit Unzulänglichkeiten der Zellenkonstruktion zu tun, können jedoch auch bei idealen Photozellen keinesfalls diese maximalen Werte erreichen. Das hat thermodynamische Gründe. Ein Beispiel soll das qualitativ verdeutlichen. Die Photozelle sei auf Umgebungstemperatur. Die thermische (Schwarzkörper-) Strahlung der Umgebung enthält ebenfalls Photonen mit Energie $h\nu > E_g$. Auch sie erzeugen durch Absorption im Halbleiter Ladungsträger. Dennoch darf die Photozelle nach außen keine elektrische Leistung abgeben. Das wäre anderenfalls ein Perpetuum mobile 2. Art und im Widerspruch zum 2. Hauptsatz der Thermodynamik.

Das Beispiel legt klar, daß es nicht auf die Photonenenergie allein ankommen wird. Vielmehr muß die *spektrale Flußdichte* der Strahlung in Rechnung gesetzt werden. Erst wenn diese höher (oder niedriger) ist als die der Schwarzkörperstrahlung von der Temperatur der Zelle, T_z, ist thermodynamisch die Photozelle in der Lage elektrische Leistung abzugeben.

Zur Herleitung der quantitativen Beziehungen gehen wir aus von einer *idealen Photozelle.* In ihr soll bei einer Rekombination von Elektronen und Defektelektronen zu einer wieder intakten Valenzbindung die Bindungsenergie als Strahlungsquant (und nicht als Wärme) freikonmen. Diese Strahlung wird als *Lumineszenzstrahlung* bezeichnet.

Die ideale Photozelle befinde sich in einem innen perfekt spiegelnden Kasten. Ihre Temperatur wird mit einer thermischen Ankopplung thermostatisiert auf den Wert T_z. An ihr liegt eine äußere Spannungsquelle U_e, siehe die Abb. 15. Es wird solange ein Strom fließen, bis sich im Spiegelkasten ein Gleichgewicht an der Photozelle zwischen Strahlungsabsorption und Lumineszenz eingestellt hat. Die spektrale Verteilung der Lumineszenzstrahlung wird verschieden sein von der thermischen Strahlung aus einem schwarzen Körper der Temperatur T_z. Wir analysieren die Verteilung durch ein kleines Loch vom Querschnitt A in der Spiegelkammerwand. Dort wird ein Filter mit Durchlaß bei einer Frequenz ν mit Bandbreite $\Delta\nu$ eingesetzt. In einer angrenzenden Spiegelkammer mit einem schwarzen Emitter wird die Emittertemperatur T so justiert, daß der Strahlungsaustausch zwischen beiden Kammern gerade kompensiert ist. Es wird T abhängig sein von der gewählten Durchlaßfrequenz des

Filters, $T = T(\nu)$.

Es soll nun ein stationärer Fluß $E_\nu \Delta\nu = A\pi L_\nu(T,\nu)\Delta\nu$ zur Photozelle zugelassen werden. Er verändert dann die Verhältnisse nicht,

(i) wenn dem Emitter bei seiner Temperatur $T(\nu)$ die äquivalente Wärme $\delta Q = E_\nu \Delta\nu$ zugeführt wird. Das läßt sich durch eine Wärmepumpe bewerkstelligen, die mit einer Arbeitsleistung $\delta W_T = \delta Q\,(1 - T_z/T(\nu))$ die verlangte Wärme vom Temperaturniveau T_z auf T bringt;

(ii) wenn in der Photozelle die Strahlung $E_\nu \Delta\nu$ absorbiert wird. Es wird dafür elektrische Leistung δW abgegeben und restliche Wärme, die abgeführt wird. Für δW erhalten wir durch Umrechnung von $E_\nu \Delta\nu$ auf die Anzahl der Photonen der Energie $h\nu$

$$\delta W = \delta i \cdot U_e = \left(\frac{E_\nu \Delta\nu}{h\nu}\right) e_o \cdot U_e.$$

Der Prozeß ist reversibel: Wir können die Richtung des Strahlungsflusses umkehren. Die Anordnung der Abb. 15 benimmt sich wie ein idealer elektrischer Generator: Auf der einen Seite wird mechanische Energie aufgewendet (um die Wärmepumpe anzutreiben), auf der anderen Seite steht in gleicher Menge elektrische Arbeit zur Verfügung. In diesem idealen Fall muß deshalb gelten $\delta W_T = \delta W$ oder

$$e_o U_e = h\nu \left(1 - \frac{T_z}{T(\nu)}\right).$$

Hierdurch ist nun auch das Lumineszenzspektrum $Lu_\nu(T_z, U_e, \nu)$ bekannt: Es wird $T(\nu) = T_z(h\nu - e_o U_e)/h\nu)$ in die Plancksche Gleichung eingesetzt

$$Lu_\nu(T_z, U_e, \nu) = \frac{2h\nu^3}{c^2} \frac{1}{e^{(h\nu - e_o U_e)/kT_z} - 1}.$$

Der nächste Schritt gilt der Aufstelllung der Bilanzgleichungen für die Energieflüsse an der idealen Photozelle.

Bilanzgleichungen und photovoltaischer Wirkungsgrad

Die Lumineszenz und damit infolge der Abstrahlung der Verlust an Ausbeute elektrischer Energie hängt von der Betriebsspannung U_e der Photozelle ab. Als verfügbare elektrische Leistung (bezogen auf die bestrahlte Flächeneinheit der Photozelle) bleibt

$$W_e = \left(\int_{\nu_g}^{\infty} \frac{E_\nu \mathrm{d}\nu}{h\nu} - \int_{\nu_g}^{\infty} \frac{\pi Lu_\nu(T_z, U_e, \nu)\mathrm{d}\nu}{h\nu}\right) e_o U_e.$$

Wir haben hier angenommen, daß die Zelle von einer Seite Strahlung empfängt und auch nur nach einer Seite abstrahlt. Als Wirkungsgrad wird das Verhältnis der abgegebenen elektrischen Leistung W_e zum solaren Teil der Einstrahlung $E_S = \int_0^\infty E_{\nu S} \mathrm{d}\nu$ definiert

$$\eta^* = \frac{W_e}{E_S}.$$

Mit dem Standardspektrum ist deshalb

$$E_S = f \int_0^\infty \pi L_\nu(T_S, \nu)\mathrm{d}\nu = f\sigma T_S^4.$$

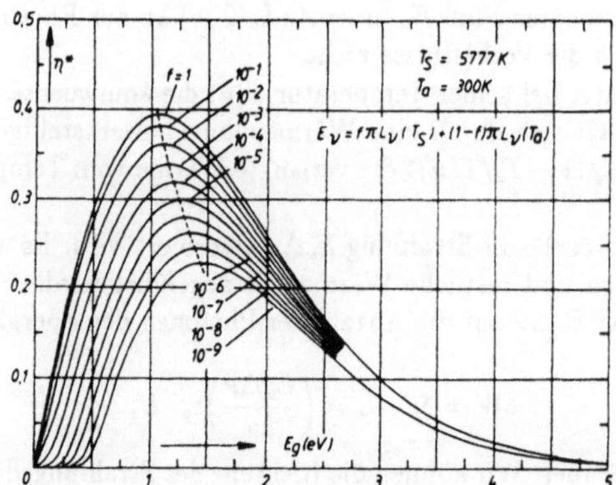

Abbildung 16: Wirkungsgrad η^* der Umsetzung solarer Strahlungsenergie in elektrische Leistung in Abhängigkeit von der Breite der Bandlücke E_g. Die Einstrahlung folgt einem Standardspektrum mit Verdünnungsfaktor f.

W_e erscheint hier als Funktion von drei freien Parametern: U_e, ν_g und T_z. Die Temperaturabhängigkeit ist in $Lu_\nu(T_z, U_e)$ einfach zu überblicken: je tiefer T_z, um so mehr elektrische Leistung läßt sich erhalten. Wir setzen deshalb im folgenden $T_z = T_a$, mit T_a als Umgebungstemperatur.

Das Maximum an elektrischer Leistung als Funktion der Breite E_g der Bandlücke erhalten wir mit $E_g = h\nu_g$ aus $\partial W_e/\partial\nu_g = 0$. Das liefert unmittelbar

$$E_\nu(\nu_g) = \pi Lu_\nu(T_a, U_e, \nu_g)$$

und somit eine erste Verknüpfung zwischen ν_g und U_e. Allerdings ist ν_g eine Materialkonstante und deshalb im Gegensatz zur Betriebsspannung U_e kaum kontinuierlich veränderlich. Die Abb.16 zeigt den Gang des Wirkungsgrades η^* mit der Größe der Bandlücke E_g. Das zur Darstellung verwendete Standardspektrum für E_ν ist durch den Verdünnungsgrad f angegeben. Das Maximum ist breit und verschiebt sich mit wachsendem f (mit steigender optischer Konzentration) zu kleineren Bandlücken.

Die zweite notwendige Bedingung für ein Maximum an elektrischer Ausbeute folgt aus der Bedingung $\partial W_e/\partial U_e = 0$. Hier erzeugt die Ausführung der Differentiation eine weitere, unabhängige Beziehung zwischen U_e und ν_g. Aus beiden Beziehungen läßt sich schließlich das Wertepaar (U_e, ν_g) finden, das das Maximum von W_e bei gegebener spektraler Flußdichte $E_\nu(\nu)$ der Einstrahlung hervorbringt.

Für Standard-Spektren zeigt Abb.17 den Gang der Ausbeute an elektrischer Leistung mit dem Verdünnungsgrad f. In jedem Punkt (η^*, f) sind Betriebsspannung U_e und Bandlücke $E_g = h\nu_g$ auf die maximale Leistung abgestimmt worden. Zum Beispiel liegt das Maximum des Wirkungsgrades für $f = 1 \cdot 10^{-5}$ bei rd. 0,30. Es gehört hierzu eine Bandlücke von $E_g = 1,25$ eV. Kristallines Silizium besitzt eine Bandlücke von $E_g = 1,12$ eV und ist damit im strengen Sinne nicht optimal an unkonzentrierter Standardstrahlung angepaßt. Jedoch ist das Maximum breit, so daß ein kleiner Anpassungsfehler quantitativ wenig Auswirkung hat. Bei $f = 1$ sind die besten Werte $E_g = 1,075$ eV und dazu $\eta^* = 0,395$.

Diese Wirkungsgrade erscheinen gering verglichen mit der möglichen Exergieausbeute

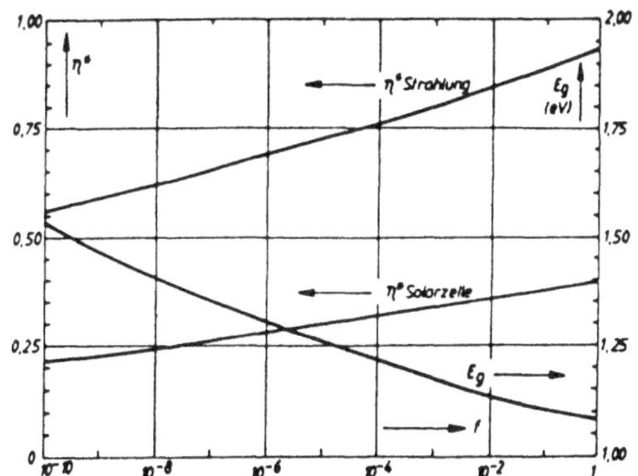

Abbildung 17: Ausbeute η^* an elektrischer Energie in Photovoltaik. Dargestellt ist die Abhängigkeit von der optischen Konzentration über den Verdünnungsfaktor f von Standardspektren. Zum Vergleich ist der Verlauf der Exergie der einfallenden Strahlung angegeben. Mit der Kurve E_g läßt sich die zugehörige beste Bandlücke ablesen. Die Zellentemperatur ist auf 300 K festgehalten.

aus einfallender Strahlung (0,7 für $f = 1 \cdot 10^{-5}$ und 0,93 für $f = 1$). Auch der Vergleich mit der Exergie in Prozeßwärme an selektiven Absorbern (0,51 und 0,89 der solaren Strahlungsflußdichte bei $f = 1 \cdot 10^{-5}$ bzw. $f = 1$) fällt zum Nachteil der Photovoltaik aus. Allerdings produziert die Solarzelle unmittelbar elektrische Leistung, während Prozeßwärme eine nachgeschaltete Wärme-Kraft-Anlage benötigt. Die Photozelle verlangt nur wenig Wartung, bedarf keiner Hilfsantriebe und die Ansprechzeit auf die Einstrahlung ist spontan, ohne störenden transienten Verlauf. Die Bilanzgleichung liefert zugleich die Strom-Spannungs-Charakteristik

$$-i = e_o \left(\int_{\nu_g}^{\infty} \frac{E_\nu \mathrm{d}\nu}{h\nu} - \int_{\nu_g}^{\infty} \frac{\pi L u_\nu(T_a, U_e, \nu) \mathrm{d}\nu}{h\nu} \right).$$

Sie ist in Abb.18 für verschiedene Bestrahlungsstärken dargestellt. Der funktionale Zusammenhang zwischen i und U_e kann mit guter Näherung vereinfacht werden, weil $exp(hv - e_oU_e)/kT_a$ meistens groß ist verglichen zu 1. In dieser Näherung ist

$$-i = e_o \left(\int_{\nu_g}^{\infty} \frac{E_\nu \mathrm{d}\nu}{h\nu} - e^{e_oU_e/kT_a} \int_{\nu_g}^{\infty} \frac{2\pi\nu^2}{c^2} e^{-h\nu/kT_a} \mathrm{d}\nu \right) = i_S - i_o \left(e^{e_oU_e/kT_a} - 1 \right).$$

Der Strom i_S enthält den solaren Anteil $e_o \int_{\nu_g}^{\infty} E_{\nu S} \mathrm{d}\nu / h\nu$ der Einstrahlung; er verschwindet in Abwesenheit dieser Einstrahlung. Es bleibt der Dunkelstromanteil $i = i_o \left(e^{e_oU_e/kT_a} - 1 \right)$, dessen Verlauf $i(U_e)$ als Diodenkennlinie bekannt ist. i_o ist der Sättigungsstrom bei negativer Vorspannung; in dem Falle ist $e^{e_oU_e/kT_a}$ gegen -1 zu vernachlässigen.
Drei Punkte im $i - U_e$–Diagramm sind bemerkenswert

- Der *Kurzschlußstrom* i_{sc} bei $U_e = 0$. Es ist $i_{sc} = -i_S$, und i_{sc} somit proportional zum solaren Teil der Einstrahlung.
- Die *offene Spannung* U_{oc} bei $i = 0$. Es ist $U_{oc} = \frac{kT_a}{e_o} \ln \left(1 + \frac{i_S}{i_o} \right)$. Sie steigt für $i_S/i_o >> 1$ logarithmisch mit der Einstrahlung an.

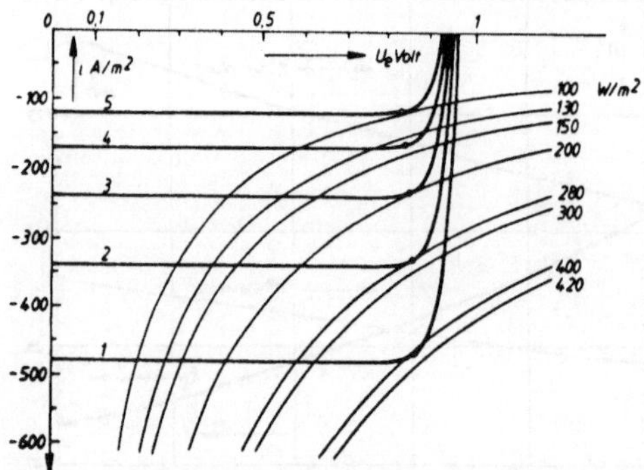

Abbildung 18: Strom-Spannungscharakteristik einer idealen Photozelle. Die Kurven 1 bis 5 unterscheiden sich in abfallender Bestrahlungsstärke. Der Arbeitspunkt ist mit einem Kreis angemerkt. Die Hyperbeln $i \cdot U_e = const$ mit den Leistungsangaben dienen zur graphischen Bestimmung des Arbeitspunktes: An ihren Berührungspunkten mit den $i - V$-Kurven befinden sich jeweils die Arbeitspunkte.

- Der *Arbeitspunkt* (U_e, i) für das Maximum des Produkts $U_e \cdot i$ auf der Kennlinie. Der Arbeitspunkt ist abhängig von der Stärke der solaren Einstrahlung. Das Verhältnis $R_i = U_e/i$ stellt den Innenwiderstand der Photozelle dar. Wir sehen, daß R_i ebenfalls abhängig ist von der Einstrahlungsstärke. Die Folgerung ist, daß sich die Anpassung an eine Last mit der Einstrahlung verschiebt. Es bedarf deshalb der Vorsorge, die Last dem Arbeitspunkt und damit der Einstrahlungsstärke nachzuführen.

Die geringe Ausbeute an elektrischer Leistung über den Konversionsweg der Photovoltaik hat mehrere Ursachen. Die beiden wichtigsten sind

- Ein Teil des Strahlungsangebots bleibt ungenützt, weil nur Strahlung mit Wellenlängen kürzer als $\lambda_g = hc/E_g$ absorbiert wird. Das würde für möglichst kleine Bandlückenbreite sprechen. Jedoch kommt es in der Photovoltaik nicht allein auf den Photostrom, sondern auch auf das Potentialgefälle U_e an. Dieses Gefälle steigt mit zunehmender Breite der Bandlücke. Vergleichbare Überlegungen gab es bei der Prozeßwärme-Erzeugung über selektive Absorber.

- Eine Eigenheit der Photovoltaik ist es dagegen, daß auch von der absorbierten Strahlung nur ein Teil der in ihr enthaltenen Energie genutzt werden kann. Es ist das $E_i = E_g \int_{\nu_g}^{\infty} E_\nu \mathrm{d}\nu / h\nu$ für die Ionisation der Valeznbindungen. Der Rest $\int_{\nu_g}^{\infty} E_\nu \mathrm{d}\nu - E_i$ erwärmt den Halbleiter und sollte für hohe Ausbeute an elektrischer Energie abgeführt werden, um die Zellentemperatur möglichst tief zu halten.

Die Ausbeute läßt sich mit *Tandem-Strukturen* verbessern. Wie es bei der selektiven Absorption angesprochen wurde, kann auch in der Photovoltaik durch spektrale Aufteilung die verfügbare Einstrahlung in zwei oder mehreren, breiten Bereichen jeweils durch eine separate Photozelle bestmöglich angepaßt werden. Serielle galvanische Kopplungen der Zellenströme dieser spektral separierten Zellen sind mit geringem Verlust an Anpassung

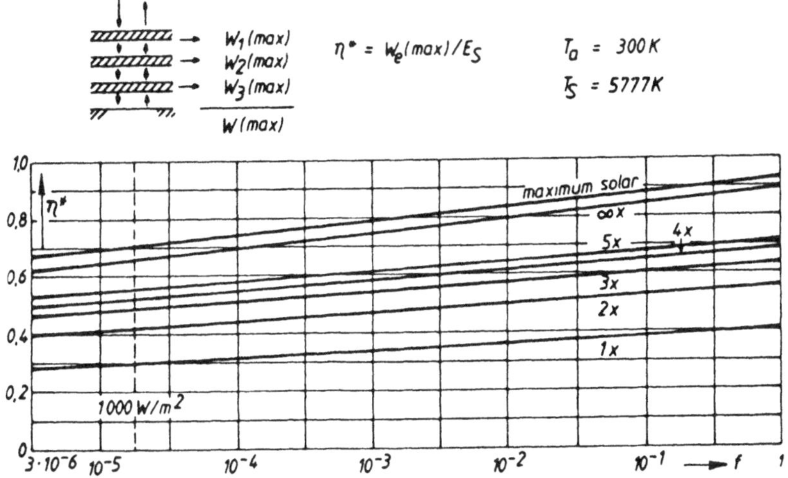

Abbildung 19: Tandem-Solarzellen. Die exergetische Ausbeute ist in Abhängigkeit von dem Verdünnungsfaktor f der Standardstrahlung aufgetragen. Die einzelnen Zellen in den Sandwich-Anordnungen sind galvanisch getrennt auf maximale Ausbeute abgestimmt. Die Ziffern bedeuten: 1x: Einfachzelle; 2x: Zweifach Tandemzelle usw. bis ∞x als sog. vollselektives Tandem mit unendlich vielen Einzelzellen. Mit *maximum solar* ist die Exergie der Strahlung dargestellt.

möglich. Die Abb.19 zeigt für Standardspektren die maximal möglichen exergetischen Wirkungsgrade. Der größte Zuwachs an Ausbeute entsteht beim Übergang von der Einfachzelle zur Zweifach-Tandemzelle. Eine vollselektive Tandemzelle erreicht dasselbe Niveau der exergetischen Ausbeute wie der vollselektive Absorber.

Photochemische Umsetzungen

Wie bei der Prozeßwärmenutzung gibt es zwei unterschiedliche Anwendungsbereiche für photochemische Umsetzungen [7]:

- Es kommt lediglich darauf an, durch Strahlungsabsorption und damit Aktivierung von Reaktanten Prozesse zu beschleunigen, die auch ohne Strahlung ablaufen würden; in einigen Fällen lassen sich so durch (selektive) optische Anregung Reaktionen in eine bestimmte Richtung lenken;

- Es ist das Ziel, die Einstrahlung als Energielieferung für den Aufbau energiereicherer Reaktionssysteme zu nutzen.

Die erstgenannte Anwendung ist das Feld der photochemischen Kinetik von sog. down-hill Reaktionen. Es ist die Freie Reaktionsenthalpie negativ. Der zweite Anwendungsfall bedarf ebenfalls Erfahrungen mit photochemischer Kinetik hinsichtlich Reaktionsgeschwindigkeit und Reaktionspfad. Jedoch existieren hier durch Energie- und Entropieumsätze bedingte Schranken für maximal erzielbare Ausbeuten an bestimmten energiereichen chemischen Produkten.

Quantitativ läßt sich die höchstmögliche photochemische Ausbeute unmittelbar berechnen aus der Relation $W(Exergie\ der\ Strahlung) = \Delta G(Freie\ Reaktionsenthalpie)$. Die Exergie der Strahlung wird bezogen auf einen festgelegten Umgebungszustand, z.B. T_a = 300 K. Mit $\Delta G = \Delta H - T\Delta S$ ist die Änderung der freien Reaktionsenthalpie zwischen dem Anfangs- und Endzustand des Umsatzes gemeint; beide Zustände befinden sich auf gleicher Temperatur T. Es ist T nicht notwendig gleich der Umgebungstemperatur T_a, jedoch trifft das häufig für energiewirtschaftlich nützliche Produkte zu.

Die Gleichung $W = \Delta G$ impliziert die Entkopplung der Entropieströme von Strahlung und chemischem Umsatz, denn W und ΔG lassen sich als entropiefreie Prozeßgrössen auffassen.

Die Erfahrung, daß es technisch schwierig ist, die Exergie der Strahlung aus einer direkten Umwandlung verfügbar zu haben, hat zu den Kompromissen über die oft an Exergie verlustreichen Umwandlungswege *Prozeßwärme* und *Photovoltaik* geführt. Wenn wir deshalb jetzt mit W die Arbeit verstehen, die mittelbar über diese Prozesse aus Strahlung verfügbar wird, könnte die weitere Aufgabe der konventionellen chemischen Verfahrenstechnik überlassen werden. Es handelt sich hier um Prozesse der Thermochemie (Prozeßwärme-Einkopplung) bzw. der Elektrochemie. Forschungs- und Entwicklungsaufwand stünden insbes. bei den solaren Eigenheiten mit der Beherrschung von Transienten im Angebot von W an sowie bei der Entwicklung von Kurz- und Langzeitspeichern zur Dämpfung von Fluktuationen.

Als Beispiel nehmen wir die Wasserzersetzung $H_2O_{(l)} \rightarrow H_2 + O_2$. Hier ist bei T_a = 300 K und Normaldruck für die beiden Gase die freie Reaktionsenthalpie $\Delta G = 237$ kJ/mol oder, umgerechnet auf das Wasserstoff-Volumen $V(Wasserstoff) = 9,45 \cdot 10^{-8}$ m^3/Joule. Es läßt sich mit dieser Kenntnis die Ausbeute an Wasserstoff berechnen, die über einen bestimmten Konversionsweg aus solarer Strahlung höchstens zu erzielen ist. Wir nehmen zur Verdeutlichung Strahlung, wie sie durch ein Standardspektrum mit $f = 2,165 \cdot 10^{-5}$ und $E_S = 1367$ Wm^{-2} beschrieben wird.

- Aus der Strahlungsexergie *(Direktumwandlung)*, mit $\eta^* = 0,72$. Es folgt für die Produktionsrate

  $4,15 \cdot 10^{-3}$ mol m^{-2}s^{-1} = 0,335 m^3(Wasserstoff) m^{-2}h^{-1};
- über *Prozeßwärme*, $\eta^* = 0,53$. Es folgt für die Produktionsrate

  $3,10 \cdot 10^{-3}$ mol m^{-2}s^{-1} = 0,247 m^3(Wasserstoff) m^{-2}h^{-1};
- über *Elektrochemie* mittels Einfach-Solarzellen, $\eta^* = 0,29$. Es folgt für die Produktionsrate

  $1,67 \cdot 10^{-3}$ mol m^{-2}s^{-1} = 0,135 m^3(Wasserstoff) m^{-2}h^{-1};

Diese Angaben sind jeweils die Maximalwerte.

Es fehlt noch der Weg über *photochemische Reaktionen.* Wir können die Ausbeuteberechnung analog der Überlegungen für die Photozelle vollziehen. Auch der photochemische Grundprozeß ist eine elektronische Anregung, die eine Mindestphotonenenergie benötigt: $E_g = h\nu_g$. Oberhalb dieser elektronischen Anregungsschwelle sind meistens viele engliegende Schwingungs- und Rotationszustände vorhanden. Das erlaubt die Annahme, daß oberhalb von $h\nu_g$ die Absorption in Kontinuumszustände stattfindet. Infolge gegenseitiger Wechselwirkungen relaxiert der angeregte Zustand rasch zu seinem tiefsten Anregungsniveau; die restliche Energie $h\nu - h\nu_g$ wird als Wärme im System frei.

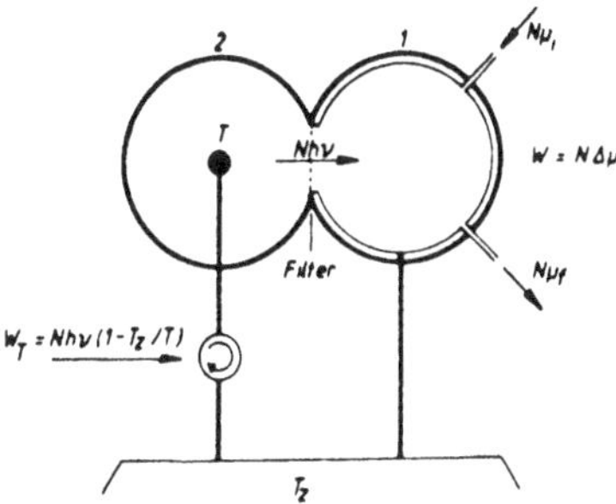

Abbildung 20: Gleichgewichtskammer (1) für den photochemischen Umsatz bei der Temperatur T_z. Raum (1) und (2) sind im spektralen Strahlungsgleichgewicht.

In einer Reaktionskammer mit perfekten Innenspiegeln soll sich das photochemisch reaktionsfähige System befinden, siehe die Abb. 20. Die Temperatur der Wände in der Kammer (1) und damit der Reaktanten sei T_a. In der Kammer ist chemisches Gleichgewicht zwischen Reaktanten und Strahlung. Wir müssen nämlich zur Ermittlung des oberen Wertes der Ausbeute einen photochemisch reversiblen Umsatz voraussetzen: Bei einer Fluktuation im Gleichgewicht soll bei der Hinreaktion (spektral) Strahlung absorbiert, bei der Rückreaktion die gleiche Menge und Qualität wieder emittiert werden.

In der Kammerwand ist eine kleine Öffnung vom Querschnitt A. Sie ist mit einem Filter stoffundurchlässig bedeckt. Dieses Filter ist transparent bei der Frequenz ν mit einer Bandbreite $\Delta\nu$. Durch das Filter kommunizieren über Strahlungsaustausch Reaktionskammer (1) und eine benachbarte Spiegelkammer (2). Diese enthält Plancksche Strahlung im Gleichgewicht mit einem beheizten schwarzen Emitter der Temperatur T. Es wird T so gewählt, daß die Strahlungsströme zwischen den beiden Kammern ausgeglichen sind.

Wir lassen nun einen schwachen und stationären Zufluß an Ausgangskomponenten und den adäquaten Abfluß an Reaktionsprodukten durch die Reaktionskammer zu. Die Flüsse werden als Teilchenströme $\dot{N}_\alpha$ gemessen (α ist hier z.B. der Index für den Reaktanten, in dem die Strahlungsabsorption stattfindet). Benötigt wird ein Netto-Strahlungszufluß in die Reaktionskammer, der dem Photonenbedarf des Durchsatzes entspricht. Aus der Energiebilanz folgt

$$\dot{N}_\alpha h\nu = \delta A\pi L_\nu(T,\nu)\Delta\nu.$$

Der thermische Emitter muß dazu mit Wärme von der Temperatur T beliefert werden

$$\delta Q = \delta A\pi L_\nu(T,\nu)\Delta\nu.$$

Das wird mit einer Wärmepumpe bewerkstelligt, die Wärme vom Niveau T_a entnimmt. Die erforderliche Arbeitsleistung ist

$$\delta W_T = \delta Q\left(1 - \frac{T_a}{T}\right).$$

Die Differenz der freien Enthalpie infolge des chemischen Umsatzes in der Reaktionskammer ist $\delta W = (\partial\Delta G/\partial N)\cdot\dot{N}_\alpha = \Delta\mu\dot{N}_\alpha$. Es ist $\Delta\mu$ der Unterschied des chemischen Potentials zwischen Endprodukten und Anfangsprodukten der chemischen Reaktion.

Im reversiblen Fall muß $\delta W_T = \delta W$ gelten. Es folgt daraus

$$\Delta\mu = h\nu\left(1 - \frac{T_a}{T}\right).$$

Wir ersetzen mit dieser Beziehung die Temperatur T in der Planckschen Strahlungsgleichung und schreiben für $\Delta\mu$ einfach μ. Dieses μ bedeutet das äquivalente chemische Potential der Strahlung. Die Vorstellung ist hierbei, daß im photochemischen Gleichgewicht die Summe der chemischen Potentiale aller beteiligten „Teilchen" sich zu Null summiert. Das liefert die Beziehung für die Lumineszenzstrahlung im Gleichgewicht mit dem Reaktionsumsatz

$$\pi L u_\nu(T_a, \mu, \nu) = \frac{2\pi h\nu^3}{c^2} \frac{1}{e^{(h\nu-\mu)/kT_a} - 1}.$$

Die Bilanzgleichungen für die verschiedenen Photonenprozesse in der photochemischen Reaktion sind

$$\dot{N}_\alpha = \int_{\nu_g}^{\infty} \frac{E_\nu \mathrm{d}\nu}{h\nu} - \int_{\nu_g}^{\infty} \frac{\pi L u_\nu(T_a, \mu, \nu)\mathrm{d}\nu}{h\nu}.$$

Die Ausbeute im photochemischen Umsatz wird auf den solaren Anteil im Spektrum bezogen

$$\eta^* = \frac{\Delta\mu \dot{N}_\alpha}{\int_0^\infty E_{\nu S} \mathrm{d}\nu}.$$

Die drei freien Variablen sind T_a, μ und ν_g. Die Temperatur der Reaktionskammer (des Reaktionsgemisches) sollte für maximalen, photochemisch erzwungenen Umsatz möglichst tief sein. Mit T_a als Umgebungstemperatur wäre das berücksichtigt.

Die Anregungsenergie $E_g = h\nu_g$ ist wie in der Photovoltaik nur durch Wechsel des Reaktionssystems (der photochemisch reagierenden Spezies) zu verändern. Viel Freiheit besteht hier im praktischen Fall nicht, zumal oft an bestimmten Produkten Interesse besteht. Es bleibt deshalb die Optimierung des Umsatzes speziell auf die Variation von $\Delta\mu = \Delta H - T_a \Delta S$ des Reaktionsgemisches beschränkt. Das läuft insbesondere auf Druck- oder Konzentrationsvorgaben hinaus, mit denen sich vor allem die Reaktionsentropie ΔS in Grenzen verändern läßt. Schließlich läßt sich Durchsatz und Ausbeute durch Erhöhung der treibenden Flußdichte $\int_{\nu_g}^\infty E_\nu \mathrm{d}\nu$ steigern, siehe die Abb. 21.

Die Abhängigkeit des chemischen Potentials des solaren Strahlung von der optischen Konzentration ist aus $E_\nu = L u_\nu(T_a, \mu, \nu)$ durch Umstellen

$$\mu = h\nu - kT_a \ln\left(1 + \frac{2\pi h\nu^3}{c^2 E_\nu}\right).$$

Für Standardspektren ist der Verlauf in Abb. 22 dargestellt. Die Auftragung ist gegen die Photonenenergie $h\nu$; die optische Konzentration und damit die Flußdichte der Strahlung ist wieder durch den Verdünnungsfaktor f ausgedrückt. Als Näherung läßt sich die lineare Beziehung

$$\mu = h\nu\left(1 - \frac{T_a}{T_S}\right) + kT_a \ln f$$

verwenden, sofern $h\nu > -kT_a \ln f / (1 - T_a/T_S)$. Das chemische Potential ändert sich von $f = 1$ bis f um angenähert $\Delta\mu = -kT_a \ln f = -0{,}058 \log f$, unabhängig von $h\nu$. Wir erkennen hieraus, daß die photochemische Wirkung von Strahlung nicht ausschließlich von

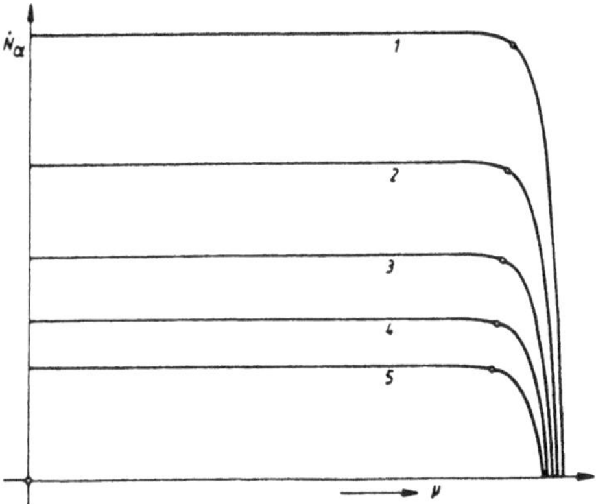

Abbildung 21: Verlauf des Umsatzes $\dot{N}_\alpha$ in Abhängigkeit vom chemischen Potential der Strahlung μ. Die Kurven 1 bis 5 beziehen sich auf in dieser Reihenfolge abfallenden Bestrahlungsstärken.

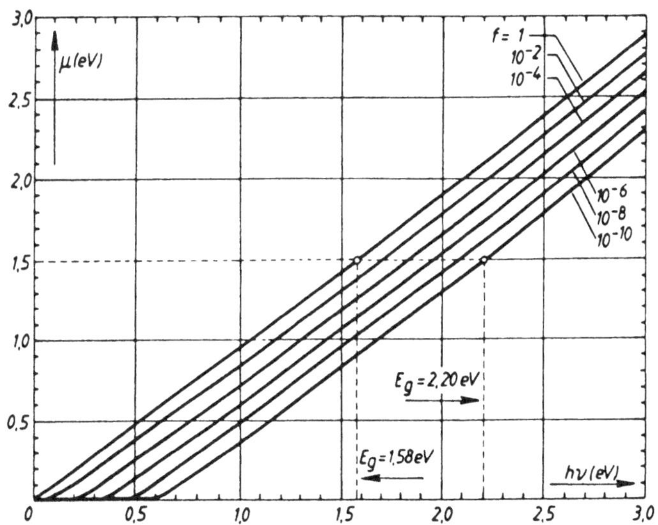

Abbildung 22: Chemisches Potential der solaren Strahlung von Standardspektren. Bezugstemperatur ist 300 K. Mit dem Verdünnungsfaktor f ist die spektrale Flußdichte der Strahlung bestimmt, mit $h\nu$ die zugehörige Photonenenergie.

der Photonenenergie $h\nu$ abhängt, sondern zusätzlich von der Flußdichte der Strahlung bestimmt wird. Insbesondere ist für Umgebungsstrahlung von der Temperatur T_a die Bestrahlungsstärke $E_\nu = \pi L_\nu(T_a, \nu)$: bei *jeder* Photonenenergie $h\nu$ wird hierfür $\mu = 0$, wie es nach den Hauptsätzen der Thermodynamik auch sein muß.

Photovoltaik und photochemischer Umsatz zu energiereichen Systemen sowie Prozeßwärmeerzeugung mit selektiven Absorbern haben verwandte Züge. Der Grund ist das diesen Systemen gemeinsame Zwei-Niveau-Energieschema für die Anregung (Absorption) durch den Strahlungsfluß.

Teil III

Solare Chemie

Der Begriff *Solare Chemie* umfaßt nach heutigem Verständnis drei Kategorien von chemischen Umsetzungen, die direkt oder indirekt mittels solarer Strahlung betrieben werden können [8]. Das Einteilungsprinzip folgt der Änderung der freien Reaktionsenthalpie ΔG. Durch $\Delta G > 0$ wird ausgedrückt, daß arbeitsfähige Energie (Exergie) aus der Strahlungsenergie in die Reaktion investiert worden ist. Wenn $\Delta G < 0$, bedeutet es, daß die Strahlung als Katalysator für Reaktionsgeschwindigkeit und Reaktionsrichtung wirkt; auch ohne die Strahlung hätte die Reaktion (spontan) ablaufen können. Die Abgrenzungen werden allerdings bei $\Delta G \approx 0$ nicht strikt eingehalten, weil dort zusätzliche, reaktionsspezifische Kriterien hinzukommen. Das läßt sich in dem Folgenden mit Beispielreaktionen einfacher erläutern.

1. Erzeugung von *Energieträgern* (solar fuels): $\Delta G >> 0$.

   Beispiele: Wasserstoff, Synthesegas, Ammoniak, ...
   Methanol, ...
   Aluminium, ...

2. Erzeugung von *Grundstoffen* und *besonderen Stoffen* (solar chemicals) : $\Delta G \gtrless 0$.

   Beispiele: Kalzinieren von Kalkstein, Erzreduktion, ...
   Wasserentsalzung, Produktion von Kohlenstoffasern, ...
   Nylon 6, Vitamin D, ...

3. Antrieb *strahlungsspezifischer Reaktionen*: $\Delta G < 0$.

   Beispiele: Oberflächenbehandlung (Legierungsbildung), ...
   Zersetzung giftiger Substanzen (Detoxifizierung).

In diesem Beitrag geht es für endergone Reaktionen, $\Delta G > 0$, um die Diskussion der thermodynamischen Grenzen der Ausbeuten und der stationären Reaktionsbedingungen. Es soll die Kopplung der drei, im vorangegangenen Kapitel betrachteten Umwandlungspfade - Strahlungsenergie in Wärme, elektrische Energie, in endergone photochemische Umsetzungen - an nachfolgenden chemischen Prozessen untersucht werden. Nach einem Vorschlag von P. Kesselring wären sie als die $kT-$, $eV-$, $h\nu-$Pfade zur solaren Chemie zu bezeichnen. Über gegenseitige Umwandlungswege, z.B. Prozeßwärme in elektrische Energie und umgekehrt, sind sie außerdem untereinander vernetzt, siehe die Abb. 23. Könnten alle diese Umsetzungen, ausgehend von Strahlungsenergie und mit dem Ziel endergoner chemischer

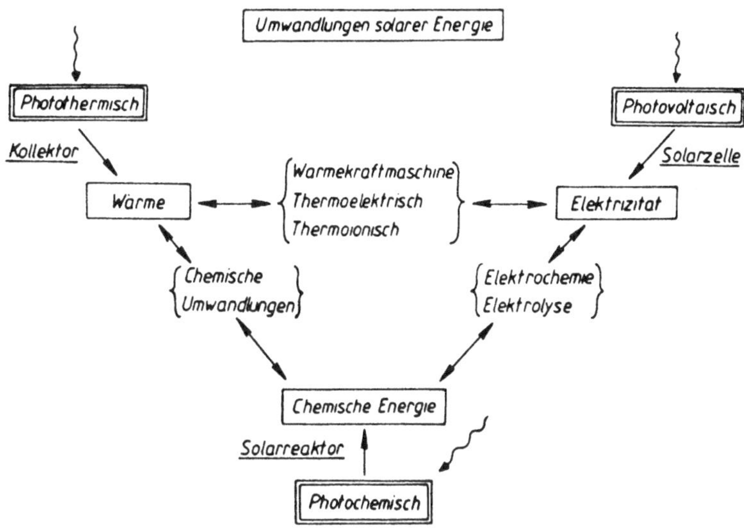

Abbildung 23: Konversionswege solarer Strahlungsenergie und ihre gegenseitige Vernetzung

Produkte perfekt im Sinne der Thermodynamik vollzogen werden (d.h. ohne Entropieproduktion oder Exergieverlust), dann wäre es gleichgültig, welcher Einstieg gewählt würde: über kT, eV oder $h\nu$. Jedoch ist man technisch weit von solcher Vollkommenheit entfernt. Deshalb hat es Sinn, den je nach verlangtem Produkt und je nach vorhandenen Nebenbedingungen besten Weg ausfindig zu machen. Dazu gehören nicht ausschließlich verfahrenstechnische Kriterien, wie thermodynamische, kinetische, materialkundliche. Nicht zuletzt geht es oft um eine *wirtschaftliche Optimierung* von Verfahrensaufwand und erzielbarem Nutzen.

Es müssen bei stationärem Betrieb *Bilanzen* verschiedener Ströme, die in den Reaktor fließen ,(I), und ihn wieder verlassen, (I'), erfüllt sein.

1. *Stoffbilanzen.* Es geht um Stoffströme I_{N_α} an Teilchensorten α, die untereinander durch stöchiometrische Gleichungen verbunden sind

$$I_{N_\alpha} = I'_{N_\alpha} \qquad \text{für alle } \alpha.$$

Für eine Beispielreaktion AB → A + B wären das

$$I_{N_{AB}} = I_{N_A} \qquad \text{und} \qquad I_{N_{AB}} = I_{N_B}.$$

2. *Energiebilanzen.* Die Stoffströme transportieren stoffspezifische Enthalpien h_α. Der Energiestrom ist deshalb starr verknüpft mit den Stoffströmen I_{N_α}

$$I_{E_\alpha} = h_\alpha I_{N_\alpha} \qquad \text{und} \qquad I_E = \sum I_{E_\alpha}.$$

Wir schreiben das in kürzerer Form

$$I_E = I_N \cdot H_i \qquad I'_E = I_N \cdot H_f$$

und bezeichnen H_i als Enthalpie der Anfangsprodukte bzw. H_f als Enthalpie der Endprodukte.

Für die Beispielreaktion folgt

$$\begin{aligned} I_E &= h_{AB} \cdot I_{N_{AB}} \\ I'_E &= h_A \cdot I_{N_A} + h_B \cdot I_{N_B}. \end{aligned}$$

mit $H_i = h_{AB}$ und $H_f = h_A + h_B$. Dem Reaktor fließt auch Energie als Wärme zu, ${}^Q I_E$ oder ab, ${}^Q I'_E$. Außerdem erhält er Energie als Arbeit, ${}^W I_E$. Die Bilanzierung der Energie ist deshalb

$$I_E + {}^Q I_E + {}^W I_E = I'_E + {}^Q I'_E.$$

3. *Entropiebilanzen.* Die Stoffströme transportieren stoffspezifische Entropien s_α. Der Entropiestrom I_S ist deshalb starr verknüpft mit den Stoffströmen I_{N_α}

$$I_{S_\alpha} = s_\alpha \cdot I_{N_\alpha} \qquad \text{und} \qquad I_S = \sum I_{S_\alpha}.$$

Wir schreiben das wieder kürzer

$$I_S = I_N \cdot S_i \qquad I'_S = I_N \cdot S_f.$$

Für die Beispielreaktion bedeutet das

$$\begin{aligned} I_S &= s_{AB} I_{N_{AB}} \\ I'_S &= s_A I_{N_A} + s_B I_B I_{N_B} \end{aligned}$$

mit $S_i = s_{AB}$ und $S_f = s_A + s_B$. Der Reaktor tauscht auch Entropie mit den Wärmeströmen aus. Diese sind durch ihre Temperaturen T bzw. T' gekennzeichnet

$${}^Q I_S = \frac{{}^Q I_E}{T} \qquad \text{und} \qquad {}^Q I'_S = \frac{{}^Q I'_E}{T'}.$$

Außerdem ist, im Gegensatz zur Energie, die Entropie nur dann eine Erhaltungsgröße, wenn die Prozesse im Reaktor reversibel ablaufen. Ist das nicht der Fall, muß eine Entropieproduktion ${}^i I_S$ berücksichtigt werden. Die Produktionsrate ${}^i I_S$ ist proportional den Stoffströmen durch den Reaktor. Die vollständige Entropiebilanz lautet

$$I_S + {}^Q I_S + {}^i I_S = I'_S + {}^Q I'_S.$$

Das läßt sich umschreiben zu

$$T \cdot I_S + {}^Q I_E + T \cdot {}^i I_S = T \cdot I'_S + \frac{T}{T'}\, {}^Q I'_E.$$

Durch Subtraktion der Entropiebilanzierung von der Energiebilanzierung erhalten wir

$$I_N(H_f - H_i) - I_N T(S_f - S_i) + I_N W = I_N T\, {}^i S + I_N Q'(1 - \frac{T}{T'}).$$

Wir haben durch die verständlichen Bezeichnungen ${}^Q I'_E = I_N Q'$, ${}^W I_E = I_N W$, ${}^i I_S = I_N\, {}^i S$ die Möglichkeit geschaffen, von der Stärke des Stoffstromes I_N unabhängig zu werden. Es bleibt so mit den Abkürzungen

$$\begin{aligned} \Delta H &= H_f - H_i \qquad &\text{(Reaktionsenthalpie)} \\ \Delta S &= S_f - S_i \qquad &\text{(Reaktionsentropie)} \end{aligned}$$

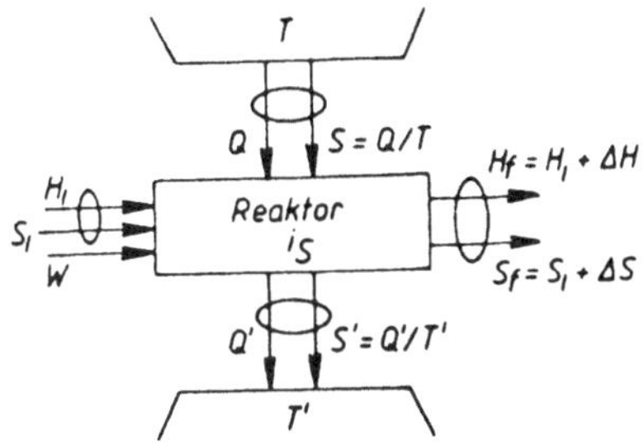

Abbildung 24: Chemie-Reaktor mit Energie- und Entropieströmen

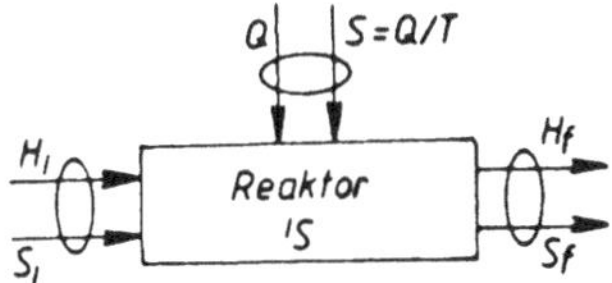

Abbildung 25: Einstufiger thermochemischer Reaktor

$$\Delta H = T\Delta S = T\,{}^{i}S + Q'\left(1 - \frac{T}{T'}\right) + W.$$

Diese Bilanzierung stationärer Reaktionen ist in der Abb. 24 skizziert. Es zeigt sich, daß je nach dem solaren Eingangspfad kT, eV oder $h\nu$, unterschiedliche Bedingungen im Zusammenhang mit der Reaktionsbilanzierung zu beachten sind.

Der kT-Pfad: Thermochemie

Prozeßwärme hat den Vorteil, daß jedes chemische System thermisch ankoppelbar ist. Elektrische Energie und photochemisch wirksame Strahlungsabsorption benötigen für die Einkopplung elektrochemische Ansprechbarkeit (spontane Ionisation und elektrische Leitfähigkeit) bzw. Absorptionsbanden, die im Wellenlängenbereich des solaren Spektrums liegen müssen und zwar möglichst im Maximum der Einstrahlungsstärke. Diese Forderungen bedingen eine starke Einschränkung bei der Auswahl an geeigneten chemischen Systemen.

Unter einer *einstufigen thermochemischen Reaktion* wird verstanden, daß dem Reaktor zwar Hochtemperaturwärme zugeführt wird ($W = 0$) jedoch keine Wärme abgeführt wird ($Q' = 0$), siehe die Abb. 25. In diesem Falle ist

$$\Delta H - T\Delta S = T\,{}^{i}S$$

oder nach der Reaktionstemperatur T aufgelöst

$$T = \frac{\Delta H}{\Delta S - {}^{i}S}.$$

Bei reversibler Prozeßführung ist ${}^{i}S = 0$. Das legt die thermochemische Mindest-Reaktionstemperatur fest

$$T_R = \frac{\Delta H}{\Delta S}.$$

Sie ist, wie die Herleitung zeigt, in Übereinstimmung mit $\Delta G = \Delta H - T\Delta S = 0$ für einen rein thermochemischen Prozeß, in dem nach Voraussetzung keine Arbeit ΔG zu- oder abgeführt wird.

ΔH und ΔS sind ausschließlich von den ***Stoffeigenschaften*** des Systems bestimmt. Die Temperatur T der Prozeßwärme muß deshalb so abgestimmt werden, daß die Wärme Q die Reaktionsenthalpie, $Q = \Delta H$, und zugleich die Reaktionsentropie $\Delta S = Q/T$ liefert. Aus dieser Überlegung ließe sich unmittelbar die Reaktionstemperatur $T_R = \Delta H/\Delta S$ herleiten.

Durch äußere Beeinflussung wie Druckänderungen läßt sich ΔH nur wenig, ΔS dagegen begrenzt verändern. Es ist (für ideale Gase als Reaktanten)

$$\Delta S = \Delta S_o + \Delta RT \ln \frac{p_\alpha}{p_{o\alpha}}.$$

p_α sind Partialdrücke; mit Index o ist ein Bezugszustand gemeint. Am Beispiel der thermochemischen Zersetzung von Wasserdampf

$$H_2O_{(g)} \quad \rightarrow \quad H_2 + (1/2)O_2$$

finden wir eine Reaktionstemperatur von $T_R = 4265$ K. Diese sehr hohe Temperatur läßt sich senken, indem wir ΔS vergrößern: Wir *erhöhen* den Wasserdampfdruck auf das Hundertfache, $p_{H_2O} = 10$ MPa, halten jedoch $p_{H_2} = p_{O_2} = 0,1$ MPa fest. Das drückt die thermische Reaktionstemperatur deutlich: $T_R = 2605$ K. Schließlich können wir den Druck der Reaktionsprodukte H_2 und O_2 zusätzlich *senken*. Für $p_{H_2O} = 10$ MPa, $p_{H_2} = p_{O_2} = 0,01$ MPa wird $T_R = 2011$ K. Bei diesen Rechenbeispielen darf nicht übersehen werden, daß für die Kompression des Wasserdampfes und anschließend für die Kompression der Produkte Sauerstoff und Wasserstoff Arbeit aufgewendet werden muß. Erweitern wir deshalb die Systemgrenzen so, daß der thermochemische Reaktor und die Kompressoren eingeschlossen werden, dann erkennen wir, daß dieses erweiterte System Wärme *und* Arbeit zugeführt bekommt. Es ist deshalb kein rein thermochemisches System mehr.

Die sehr hohen Reaktionstemperaturen sind materialtechnisch kaum zu beherrschen. Sie erfordern außerdem hohe optische Konzentration der solaren Einstrahlung. Bei 4500 K ist auch die Obergrenze terrestrischer Prozeßwärmeerzeugung (mit thermischem Wirkungsgrad Null) erreicht; das exergetische Maximum solarer Prozeßwärme liegt bei rd. 2500 K.

Die Reaktionstemperatur reiner thermochemischer Reaktionen läßt sich bemerkenswerterweise durch eine *Änderung des Chemismus* der Prozeßführung senken [9]. Der Schlüssel dazu ist bereits in der erweiterten Bilanzgleichung enthalten

$$\Delta H - T\Delta S = Q'\left(1 - \frac{T}{T'}\right).$$

Wenn „Abwärme“ Q' bei $T' << T$ zugelassen wird, ist für eine reversible Prozeßführung die Reaktionstemperatur

$$T = \frac{\Delta H}{\Delta S + \frac{Q'}{T'}}$$

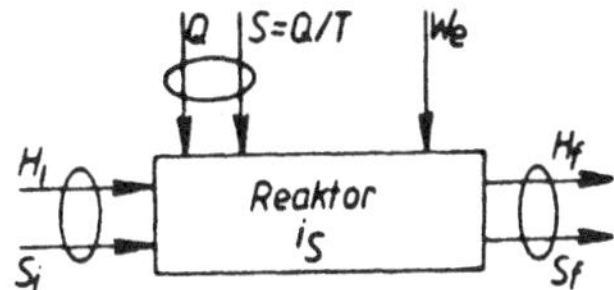

Abbildung 26: Chemie-Reaktor für elektrolytischen Betrieb

oder wie vorhin mit $\Delta H/\Delta S = T_R$

$$T = T_R \frac{1}{1 + \frac{Q'}{\Delta H}\frac{T_R}{T'}} < T_R.$$

Das läßt sich über Zwei- oder Mehrstufenprozesse erreichen. Es werden eine oder mehrere Zwischenreaktionen eingeschaltet, von denen eine die endotherme Hochtemperaturreaktion ist (Q, T), die andere dagegen eine exotherme Niedertemperaturreaktion (Q', T').

Das Beispiel für die thermochemische Wasserzersetzung ist der Nakamura-Bamberger-Richardson-Zweistufenprozeß [10, 11]

endotherm	$Fe_3O_4 \rightarrow 3\ FeO + 1/2\ O_2$	$Q = 88{,}8$ Wh/mol	bei 2025 K
exotherm	$H_2O_{(g)} + FeO \rightarrow Fe_3O_4 + H_2$	$Q' = 21{,}7$ Wh/mol	bei 670 K

Wir erkennen die drastische Absenkung der Temperatur in der Hochtemperaturreaktion. Sie geht zu Lasten einer verminderten thermischen Ausbeute. Nur ein Teil der Hochtemperaturwärme Q, nämlich $\Delta H = Q - Q'$ erscheint als Reaktionsenthalpie, der Rest $Q' = Q - \Delta H$ als Abwärme.

Der eV-Pfad: Elektrochemie

Elektrische Energie ist entropiefrei, nicht jedoch ein elektrochemischer Umsatz

$$W_e = \Delta G = \Delta H - T\Delta S.$$

Zugleich mit der elektrischen Energie W_e muß auch Reaktionswärme $Q = T\Delta S$ zugeführt werden, siehe Abb. 26. Ein stationärer, reiner elektrolytischer Prozeß (ausschließlich Zufuhr elektrischer Energie) kann deshalb nur bei irreversibler Prozeßführung möglich sein. Die Reaktionsentropie $\Delta S > 0$ wird durch Entropieerzeugung aufgebracht zu Lasten eines Teils $T\Delta S$ der gesamten elektrischen Energie W_e.

Weil $\Delta S > 0$ ist, folgt, daß mit steigender Temperatur der Bedarf an elektrischer Energie abnimmt, der Bedarf an Prozeßwärme kompensierend ansteigt. In Abb. 27 ist das für die Wasserdampfelektrolyse dargestellt [12]. Wir erkennen auch, daß für $W_e = 0$ der Prozeßwärmebedarf wieder genau der einer reinen thermochemischen Umsetzung entspricht. Zugleich ist die hierzu notwendige Temperatur $T_R = \Delta H/\Delta S$.

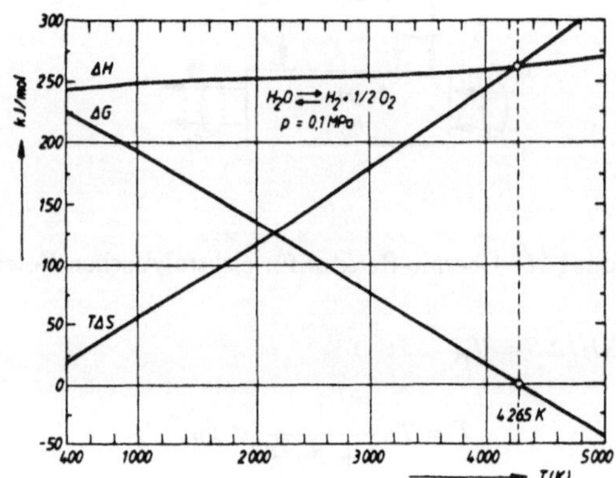

Abbildung 27: Elektrolyse von Wasserdampf. Dargestellt sind die Reaktionsenthalpie ΔH, die Reaktionswärme $T\Delta S$ und die Freie Reaktionsenthalpie ΔG in Abhängigkeit der Prozeßtemperatur.

Der Übergang von eV- zu kT-dominierter Reaktion ist fließend. Das legt auch eine interne Kombination von Wärme-Kraft-Umwandlung für die Bereitstellung elektrischer Energie mit Wärme als Prozeßwärme für $T\Delta S$ nahe. Äußerlich würde diesem (erweiterten) System nur Wärme zugeführt werden. Es läuft so gesehen scheinbar nur eine reine thermochemische Reaktion ab. Verfahrenstechnisch hätte das den Vorteil einer Senkung der Prozeßtemperatur (wobei trotz reversibler Führung Abwärme aus dem Wärme-Kraft-Prozeß abfällt).

Der $h\nu$-Pfad: Photochemischer Umsatz

Prozeßwärme (über Strahlungsabsorption) und elektrische Energie (über Photovoltaik oder sekundär aus Wärme-Kraft-Umsetzung) waren separat erzeugte Energieströme. Sie wurden erst sekundär an thermo- bzw. elektrochemische Reaktionen gekoppelt. Diese Einspeisung kann über eine Zwischenspeicherung von Wärme oder elektrischer Energie zeitlich versetzt sein. Sie ist dagegen instantan und über kurze Wege bei reaktionsintegrierten volumetrischen Hochtemperatur-Absorbern oder in photoelektrochemischen Reaktionen.

Beim $h\nu$-Pfad sind diese beiden Varianten der Einkopplung von Strahlungsenergie in chemischen Prozessen ebenfalls vorhanden. Es kann zuerst photochemisch ein energiereiches Vorprodukt hergestellt werden ($N\Delta\mu$ wird als chemische Arbeit geliefert). Falls erforderlich nach Speicherung, läßt sich dieses einsetzen, um andere chemische Reaktionen ablaufen zu lassen. Eine solche Vorgehensweise ist bekannt aus der natürlichen Photosynthese. Wiederum muß bedacht werden, daß nunmehr für *beide* Reaktionssysteme, für den Umsatz des (chemische) Energie liefernden Vorprodukt *und* für das schließich interessierende Hauptsystem, die Energie- und Entropiebilanzen erfüllt werden müssen. Das läßt sich mit einer zusätzlichen Einkopplung von Prozeßwärme bewerkstelligen, siehe die Abb. 28. Die Reaktionstemperatur ist in diesem Falle (für reversible Prozeßführung) aus $\Delta\mu N = \Delta H - T\Delta S$

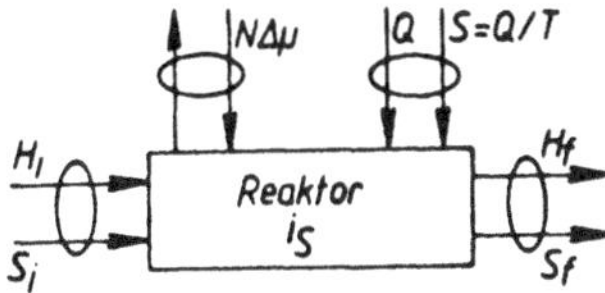

Abbildung 28: Chemie-Reaktor mit Einsatz eines chemischen Vorprodukts

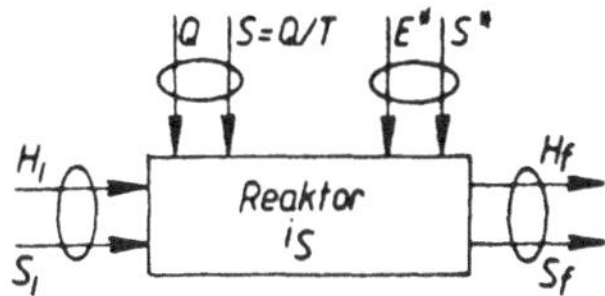

Abbildung 29: Chemie-Reaktor: simultane Einkopplung von Strahlung und Prozeßwärme

zu berechnen

$$T = \frac{\Delta H - N\Delta\mu}{\Delta S} = T_R\left(1 - \frac{N\Delta\mu}{\Delta H}\right) < T_R$$

mit $T_R = \Delta H/\Delta S$ der rein thermochemischen Reaktionstemperatur.

Bei den Überlegungen zur photochemischen Umsetzung (der Erzeugung des hier Vorprodukt genannten Umsatzes) kam es auf eine Maximierung der chemischen Ausbeute dieses Vorproduktes, bezogen auf die einfallende solare Strahlung, an. Diese so definierte Ausbeute war unter allen Variationen von Flußdichte f, Anregungsenergie E_g und Differenz $\Delta\mu$ der chemischen Potentiale von Ausgangs- und Endprodukten am höchsten, wenn das Reaktionssystem bei möglichst tiefer Temperatur gehalten wurde. Denn mit sinkender Temperatur nimmt auch der Verlust durch Lumineszenzstrahlung ab. Es muß deshalb bei dem im folgenden zu diskutierenden zweiten Weg der direkten spektralen Absorption im Reaktionssystem die Frage gestellt werden, ob dennoch eine Kombination von simultaner $h\nu$- und kT-Einspeisung für die Ausbeute Vorteile bringen kann.

Zuerst gibt es hier eine Antwort bezüglich der Reaktionskinetik. Die spektrale Absorption kann einen bestimmten Reaktionskanal einer endothermen Reaktion bevorzugen, und so die Ausbeute eines bestimmten Produktes steigern. Ohne Photoanregung wäre vielleicht von diesem Produkt thermochemisch wenig entstanden. Dasselbe läßt sich von elektrochemischen Reaktionen sagen. Die spezifische Einkopplung von elektrischer Energie simultan mit Wärmezufuhr zwingt oft allen sonst noch im System möglichen thermochemischen Reaktionskanälen eine Präferenz auf. Außer diesem reaktionskinetischen Bezug kann die simultane $h\nu$- und kT-Einkopplung auch thermodynamisch Vorteile bringen hinsichtlich einer Absenkung der Reaktionstemperatur T_R, die für den rein thermochemisch betriebenen

Umsatz erforderlich gewesen wäre. In der Abb. 29 ist das skizziert. Die Bilanzierung der stationären Energie- und Entropieflüsse liefert hier, reversiblen Umsatz vorausgesetzt,

$$\begin{aligned} H_i + Q + E^* &= H_f \\ TS_i + Q + TS^* &= TS_f \\ \\ \Delta H - T\Delta S &= E^* - TS^* \end{aligned}$$

oder für die Reaktionstemperatur

$$T = \frac{\Delta H - E^*}{\Delta S - S^*} = T_R \frac{1 - \frac{E^*}{\Delta H}}{1 - \frac{T_R}{T^*}\frac{E^*}{\Delta H}}.$$

Es wurden zur Abkürzung und zur Verdeutlichung der Zusammenhänge die Definitionen verwendet: E^* und S^*, Netto- Strahlungsenergie und -entropie; (die Abstrahlung gilt hier als in der Nettobilanz berücksichtigt); $T_R = \Delta H / \Delta S$, thermochemische Reaktionstemperatur; $T^* = E^* / S^*$, Strahldichtetemperatur. T^* ist zu berechnen aus $E^* = E_\nu \Delta\nu = \pi L_\nu(T^*, \nu)\Delta\nu$. Im Standardspektrum ist E_ν vom solaren Anteil f dominiert. $T^*(f, \nu)$ steigt mit dem Verdünnungsfaktor f und mit der Frequenz ν an. Für $v \rightarrow 0$ und für $f \rightarrow 1$ wird T^* maximal und gleich $T_S = 5777$ K. Das zeigt den Wertebereich für T^* und damit über T_R/T^* den thermodynamischen Einfluß der Strahlung auf die Reaktionstemperatur T. Es wird T abgesenkt, wenn $T_R/T^* < 1$. Gegenwärtig ist die „heiße Photochemie" Neuland. Eindeutige, experimentell gesicherte Musterbeispiele für den thermodynamisch möglichen Einfluß von simultaner Strahlung und Wärmezufuhr gibt es noch nicht.

Zusammenfassung

Eine unmittelbare Einkopplung des integralen elektromagnetischen Energieinhaltes solarer Strahlung in chemische Umsetzungen gelingt noch nicht. Deshalb wird für die *solare Chemie* die Sonnenstrahlung zuerst in konventionelle Energieformen umgesetzt. Es sind dies die drei Qualitäten: Prozeßwärme, elektrische Energie, endergoner photochemischer Umsatz. Die Konversion bedeutet in allen Fällen Exergieverlust. Thermodynamisch läßt sich der maximale Konversions-Wirkungsgrad berechnen; er unterscheidet sich je nach dem gewählten Weg. Außerdem ist zu berücksichtigen, daß Prozeßwärme Energie und Entropie beinhaltet; das Verhältnis von Energie- zu Entropiegehalt wird durch die Temperatur bestimmt. Dagegen ist elektrische Energie entropiefrei, aber an Ladungstransport gebunden. Photochemisch erzeugte Stoffe lassen sich als energiereiche Vorprodukte zum Antrieb in nachgeschalteten chemischen Umsetzungen benutzen. Sie transportieren dabei Energie, Entropie und Materie; das gegenseitige Verhältnis von Energie und Entropie ist von den stöchiometrisch verknüpften Änderungen der Reaktionsenthalpie und -entropie bestimmt.

Die drei sekundären Enegieträger, deren Erzeugung sich aus der primären solaren Strahlungsenergie auf dem kT-, dem eV- und dem $h\nu$-Pfad kennzeichnen läßt, können an die interessierende chemische Reaktion angekoppelt werden. Sie dienen so einer *solaren Chemie* als exergetischer Antrieb. Mit den Bilanzgleichungen der stationären Flüsse an Stoff, Energie, Entropie durch den Reaktor lassen sich die thermodynamisch bedingten Obergrenzen für Wirkungsgrade und Reaktionstemperaturen feststellen. Die Kombinationen von Elektrochemie mit Prozeßwärme und von photochemisch erzeugten Vorprodukten mit

Prozeßwärme zeichnen sich durch Senkung der Reaktionstemperatur eines (einstufigen) thermochemischen Umsatzes aus. Von einem anderen Standpunkt betrachtet, bedeutet Prozeßwärme-Einkopplung auch Senkung des Reaktionsbedarfs an elektrischer Energie bzw. Verminderung des Bedarfs an endergonen Vorprodukten. Schließlich lassen sich integrierte Prozeßführungen - wie photothermochemische und photoelektro(thermo)chemische - analysieren. Das ist gegenwärtig ein Feld der experimentellen Forschung. In allen Fällen der unmittelbaren Strahlungsabsorption in chemischen Umsetzungen dürfen photokatalytische Wirkungen der Reaktionsbeschleunigung und -lenkung nicht unberücksichtigt bleiben.

Literaturhinweise

[1] Fröhlich, C., Wehrli, C. — Spectral Distribution of Solar Irradiance from 250 to 25 000 nm. World Radiation Center, Davos, Switzerland (1981).

Fröhlich, C., Brusa, R.W. — Solar Radiation And Its Variation in Time. Sol. Phys. **74** (1981), 209-215

[2] Iqbal, M. — An Introduction to Solar Radiation. New York: Academic Press, 1983

[3] Sizmann, R. — Solar Radiative Energy. In: Solar Energy '85, Resources-Technologies-Economics. Summerschool Igls, Austria (ASA, DFVLR), European Space Agency esa SP-240, (1985) 5-16

[4] Welford, W.T., Winston, R. — The Optics of Nonimaging Concentrators New York: Academic Press, 1978

[5] Agnihortri, O.P., Gupta, B.K. — Solar Selective Surfaces New York: John Wiley & Sons, 1981

Koltun, M.M. — Selective Optical Surfaces For Solar Energy Converters New York: Allerton Press, 1981

[6] Fahrenbruch, A.L., Bube, R.H. — Fundamentals of Solar Cells New York: Academic Press, 1983

[7] Calzaferri, G. — Photochemical, Electrochemical And Thermochemical Transformation And Storage of Solar Energy: Thermodynamic Aspects. In: Solar Energy '85. Resources-Technologies-Economics Summerschool Igls, Austria (ASA, DFVLR), European Space Agency esa SP-240, (1985) 93-100

Calzaferri, G., Forss, L., Spahni, W. — Photochemische Umwandlung und Speicherung der Sonnenenergie. Chemie in unserer Zeit, **21** (1987) 161-174

[8] Nix, G. Sizmann, R. In: High Temperature, High Flux Density Solar Chemistry. Proceedings of The Santa Fe Conference on High Temperature Technologies Golden, Colorado, (1988) 40-56

[9] Funk, J.E. Knoche, F.K. Hydrogen by Thermochemical Water Splitting. Advances in Solar Energy Technology In: Proceedings of The ISES-Congress Hamburg, Pergamon Press, 1987 p.2895-2901

[10] Nakamura, T. Hydogen Production From Water Utilizing Solar Heat at High Temperatures. Solar Energy **19** (1977) 467

[11] Bamberger, C.E. Hydrogen Production From Water by Thermochemical Cycles. Cryogenics, March 1978

[12] Erdle, E. Possibilities For Hydrogen Production by Combination of a Solar Central Receiver System And High Temperature Electrolysis of Steam. In: Solar Thermal Central Receiver Systems, Vol.2 High Temperature Technology And Its Applications. Heidelberg, Springer Verlag 1986

Hochtemperatursolarprozesse: Thermodynamische Grundlagen zur thermochemischen Wasserspaltung

N. Prünte K.F. Knoche M. Roth

Lehrstuhl für Technische Thermodynamik
der Rhein.-Westf. Technischen Hochschule Aachen

1 Einleitung

Thermochemische Wasserzersetzungsprozesse zur Wasserspaltung bestehen aus mehreren chemischen Reaktionen, den erforderlichen Trennprozessen, sowie weiteren Verfahrensschritten, die notwendig sind, um den Prozeß zu schließen. Sie benötigen eine Wärmequelle, wie z.B. einen Hochtemperaturreaktor (HTR) oder eine Hochtemperatursolaranlage.

In den letzten 20 Jahren waren die Bemühungen, thermochemische Kreisprozesse zu finden und zu entwickeln, vorwiegend auf die Nutzung nuklearer Prozeßwärme ausgerichtet. Thermochemische Kreisprozesse, welche Hochtemperaturprozeßwärme aus Solaranlagen verwenden sollen, wurden ebenfalls untersucht, jedoch wurde für diese Anwendung etwa derselbe Temperaturbereich unterstellt wie bei der Nutzung nuklearer Prozeßwärme. Dabei hatte sich herausgestellt, daß bei maximalen Prozeßtemperaturen unter 1000 $°C$ für rein chemische Prozesse mindesten drei chemische Reaktionen erforderlich sind und außerdem der Aufwand für die Abtrennung der End- und Zwischenprodukte bei allen bekannt gewordenen Prozeßvorschlägen sehr hoch ist.

Durch die Entwicklung der sogenannten Direktabsorber konnte das Temperaturniveau der solaren Hochtemperaturprozeßwärme auf etwa 1400 – 1500 $°C$ angehoben werden und selbst eine weitere Steigerung scheint möglich. Daher erscheint es sinnvoll, für diese veränderten Randbedingungen thermochemische Kreisprozesse erneut systemsatisch zu suchen und Vereinfachungen in der Prozeßführung anzustreben. Die thermodynamischen Grundlagen für eine derartige Untersuchung werden in den folgenden Abschnitten erläutert.

2 Entropieproduktion und erreichbarer Prozeßwirkungsgrad

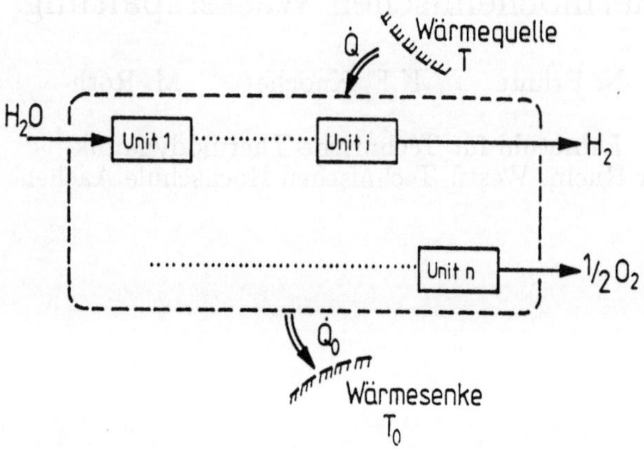

Bild 1 *Schematisches Fließbild eines Kreisprozesses*

In Bild 1 ist das Fließbild eines thermochemischen Kreisprozesses schematisch dargestellt. Dem Prozeß wird der Molenstrom $\dot{n}_{H_2O}$ flüssigen Wassers zugeführt und in insgesamt n Units weiterverarbeitet, wobei die Molenströme $\dot{n}_{H_2} = \dot{n}_{H_2O}$ Wasserstoff und $\dot{n}_{O_2} = 1/2\,\dot{n}_{H_2O}$ Sauerstoff gebildet und abgetrennt werden. Von der Hochtemperatur-Wärmequelle wird die Wärme $\dot{Q}$ mit der thermodynamischen Mitteltemperatur T dem Prozeß zugeführt, insgesamt muß die Wärme $\dot{Q}_0$ an die Umgebung der Umgebungstemperatur T_0 abgegeben werden. Ein solcher Prozeß ist den Einschränkungen des 1. und 2. Hauptsatzes der Thermodynamik unterworfen:

$$1.HS: \quad \dot{Q} - \dot{Q}_0 = \dot{n}_{H_2}\left(H_{m,H_2} + \frac{1}{2}H_{m,O_2} - H_{m,H_2O}\right) \tag{1}$$

$$2.HS: \quad \dot{S}_p = \dot{n}_{H_2}\left(S_{m,H_2} + \frac{1}{2}S_{m,O_2} - S_{m,H_2O}\right) + \frac{\dot{Q}_0}{T_0} - \frac{\dot{Q}}{T} \tag{2}$$

Hierbei bedeuten H_m bzw. S_m die molaren Enthalpien bzw. Entropien der aus- und eintretenden Stoffe. Die Entropieproduktion $\dot{S}_p$ ist die Summe aller ihrer Anteile in den einzelnen Units des Prozesses

$$\dot{S}_p = \sum_{i=1}^{n} \dot{S}_{p_i} \tag{3}$$

Sie stellt ein Maß für die Nichtumkehrbarkeiten des Prozesses dar.

Eliminiert man aus Gl.(1) und (2) die Wärme Q_0, so erhält man mit den molaren Größen $q = \dot{Q}/\dot{n}_{H_2}$ und $s_{p_i} = \dot{S}_{p_i}/\dot{n}_{H_2}$ die folgende Beziehung

$$\begin{aligned} H_{m,H_2} + \frac{1}{2} H_{m,O_2} - H_{m,H_2O} \;\; &- \;\; T_0 \left(S_{m,H_2} + \frac{1}{2} S_{m,O_2} - S_{m,H_2O} \right) \\ &= \;\; q \left(1 - \frac{T_0}{T} \right) - T_0 \sum_{i=1}^{n} s_{p_i} \end{aligned} \tag{4}$$

Führt man das zu zersetzende Wasser bei Umgebungszustand zu und die Zersetzungprodukte H_2 und O_2 ebenfalls beim Umgebungsdruck p_0 und Umgebungstemperatur T_0 ab, so entspricht die Enthalpiedifferenz in (1) dem (molaren) Brennwert H_0 und der Ausdruck in der ersten Zeile von Gl.(4) der (molaren) Exergie

$$e_{H_2} = H_{m,H_2} + \frac{1}{2} H_{m,O_2} - H_{m,H_2O} - T_0 \left(S_{m,H_2} + \frac{1}{2} S_{m,O_2} - S_{m,H_2O} \right) \tag{5}$$

des erzeugten Wasserstoffs.

Definiert man den Wirkungsgrad eines thermochemischen Kreisprozesses als das Verhältnis der Produktenergie H_0 zur aufgenommenen Wärme Q, so erhält man mit Gl.(4) und der Exergie e_{H_2} zwei Formeln für den Prozeßwirkungsgrad

$$\begin{aligned} \eta \;\; &= \;\; \frac{H_0}{e_{H_2}} \frac{T - T_0}{T} - \sum_{i=1}^{n} \frac{T_0 \, s_{p_i}/e_{H_2}}{q/H_0} \\ &= \;\; \eta_{theor} - \sum_{i=1}^{n} \Delta\eta_i \end{aligned} \tag{6}$$

und

$$\eta = \frac{H_0}{e_{H_2}} \frac{T - T_0}{T} \frac{1}{1 + T_0 \sum_{i=1}^{n} s_{p_i}/e_{H_2}} \tag{7}$$

Nach Gl.(6) kann bei einem gegebenen Prozeßvorschlag ermittelt werden, um wieviel Prozentpunkte der theoretische Grenzwirkungsgrad

$$\eta_{theor} = \frac{H_0}{e_{H_2}} \frac{T - T_0}{T} \tag{8}$$

durch die Irreversibilitäten in jedem einzelnen Unit geschmälert wird

$$\Delta\eta_i = \frac{T \, s_{p_i}/e_{H_2}}{q/H_0} \tag{9}$$

Demgegenüber ermöglicht Gl.(7), lediglich bei Kenntnis einzelner Reaktionsschritte oder Trennverfahren bereits abzuschätzen, ob sich diese bereits prohibitiv auf den Wirkungsgrad des Gesamtprozesses auswirken. Dies soll im folgenden an einzelnen Beispielen erörtert werden.

3 Nichtumkehrbarkeiten chemischer Reaktionen und ihr Einfluß auf den Prozeßwirkungsgrad

Die in thermochemischen Kreisprozesses ablaufenden chemischen Reaktionen dürfen weder eine sehr große noch eine sehr kleine Ausbeute besitzen. Im ersten Fall ist die Reaktion selbst in hohem Maße irreversibel, im zweiten Fall der Trennaufwand sehr, möglicherweise prohibitiv hoch. Betrachten wir den allgemeinen Fall einer chemischen Reaktion in der Unit i

$$\sum_j \nu_{j,i} B_j = 0 \tag{10}$$

wobei B_j die Symbole der Stoffe und $\nu_{j,i}$ die stöchiometrischen Koeffizienten bedeuten. Für Reaktanten sind die $\nu_{j,i} < 0$, für Produkte $\nu_{j,i} > 0$. Berechnet $\dot{n}''_{j,i}$ die Molenströme der Produkte und $\dot{n}'_{j,i}$ die der Reaktanten, so wird die Entropieproduktion bei einer isotherm-isobaren Reaktion in der Unit i

$$\dot{S}_{p_i} = \sum_j \dot{n}''_{j,i} S''_{m_j} - \sum_j \dot{n}'_{j,i} S'_{m_j} - \frac{\dot{Q}_i}{T_i} \tag{11}$$

wobei

$$\dot{Q}_i = \sum_j \dot{n}''_{j,i} H_{m_j} - \sum_j \dot{n}'_{j,i} H_{m_j} \tag{12}$$

die der Reaktion bei der Temperatur T_i zugeführte Wärme angibt. Wenn wir weiter einschränkend voraussetzen, daß es sich bei den an der Reaktion beteiligten Stoffe um Feststoffe oder ideale Gase handelt, so können wir mit dem Fortschrittsgrad der Reaktion

$$\xi_i = \frac{n''_{j,i} - n'_{j,i}}{\nu_{j,i}} \quad , \quad 0 \leq \xi_i < 1 \tag{13}$$

die Gln.(11) und (12) in folgender Weise umformen

$$S_{p_i} = R_m \left\{ \xi_i \, ln\, K_{p_i} + \sum_{j,g} n'_{ji} \, ln \frac{p'_j}{p_0} - \sum_{j,g} n''_{ji} \, ln \frac{p''_j}{p_0} \right\} \tag{14}$$

Die Summenausdrücke in Gl.(14) sind jeweils über die gasförmigen Reaktanten bzw. Produkte zu erstrecken.

Der Logarithmus der Gleichgewichtskonstanten K_{p_i} wird aus den thermodynamischen Daten der Komponenten berechnet:

$$ln\, K_{p_i} = \sum_j \nu_{ji} \left[S_{m_j}(T_i, p_0) - \frac{H_m(T_i)}{T_i} \right] \tag{15}$$

Hierbei ist p_0 der Druck bei Normalzustand.

Verläuft eine Reaktion mit sehr guter Ausbeute ($\xi_i \rightarrow 1$), so muß notwendigerweise die Gleichgewichtskonstante sehr große Werte annehmen, $ln\, K_p \gg 0$. Dann können die Summenausdrücke in Gl.(17) vernachlässigt werden, und wir erhalten für die Entropieproduktion

$$S_{p_i} \approx R_m\, ln\, K_{p_i} \tag{16}$$

(Reaktion mit sehr guter Ausbeute, $\xi \rightarrow 1$)

Nimmt dagegen die Gleichgewichtskonstante einer Reaktion sehr kleine Werte an ($ln\, K \ll 0$), so ist zwangsläufig die Ausbeute sehr gering und es muß ein erheblicher Aufwand für die Trennung der Produkte aus dem Reaktionsgemisch getrieben werden.

4 Aufstellen geeigneter chemischer Reaktionen aus thermodynamischen Daten

Die computerunterstützte Suche nach geeigneten chemischen Reaktionen wird systematisch nach sog. Elementfamilien durchgeführt /2/. Darunter versteht man die Kombination der Elemente H und O mit einem oder wenigen weiteren, insgesamt n Elementen. Aus einer Datenbank /1/ werden dann die thermodynamischen Daten aller im betrachteten Temperaturbereich chemisch stabilen Verbindungen entnommen. So z.B. werden bei der Elementfamilie H, O, Cd folgende Verbindungen berücksichtigt: H_2, H_2O, O_2, Cd, CdO.

Sodann wird für jede mögliche Kombination von höchstens $n+1$ Verbindungen untersucht, ob diese die stöchiometrischen Bedingungen einer Reaktionsgleichung erfüllen. Dies ist dann der Fall, wenn bei der jeweils betrachteten Kombination von Verbindungen die Elementbilanzen befriedigt werden können. Wenn dies möglich ist, erhält man die stöchiometrischen Koeffzienten dieser Reaktionsgleichung durch Auflösung eines linaren Gleichungssystems. Damit liegt dann auch der Elementvektor fest, welcher angibt, wieviel Mole der ausgewählten Elemente in den Produkten (bzw. Reaktanten) enthalten sind.

Danach wird überprüft, ob die in der Reaktionsgleichung auftretenden Produkte auch die thermodynamisch stabilen darstellen. Hierzu wird bei gegebenem Elementvektor aus allen stabilen Verbindungen der Elementfamilie diejenige Kombination herausgesucht, die bei den jeweils vorgegebenen Temperaturen zugleich den kleinsten Wert der freien Enthalpie besitzt, den Elementvektor befriedigt und positive stöchiometrische Koeffizienten besitzt. Läßt man die Mischungsentropien bei gasförmigen Stoffen unberücksichtigt, so stellt diese Aufgabe ein klassisches Problem der linearen Optimierung dar, welches mit einem sog. Simplex-Algorithmus gelöst wird.

Die auf diese Weise erhaltenen, „thermodynamisch sinnvollen" Reaktionsgleichungen enthalten nun noch eine große Anzahl solcher, die nach den Überlegungen des vorigen Abschnittes für thermochemische Kreisprozesse ungeeignet sind, weil die Gleichgewichtskonstante der Reaktion im gesamten betrachteten Temperaturbereich entweder zu groß ist und deshalb der Prozeßwirkungsgrad auf nicht interessante Werte gemindert wird oder zu klein, wodurch der Trennaufwand ansteigt. Im Rechenprogramm wurden die Grenzwerte der Gleichgewichtskonstanten willkürlich zu

$$-15 \leq ln\ K \leq 15$$

gesetzt. Diese Prüfungen wurden im Temperaturbereich zwischen 300 und 3000 K durchgeführt.

Damit erhält man schließlich bei allen Elementkombinationen eine überschaubare Anzahl von thermodynamisch sinnvollen Reaktionsgleichungen, die für thermochemische Wasserzersetzungsprozesse geeignet sind.

5 Systematische Kombination von Reaktionsgleichungen zu thermochemischen Kreiprozessen

Die Bedingung für einen thermochemischen Kreisprozeß zur Wasserspaltung ist, daß außer Wasser und den Produkten Wasserstoff und Sauerstoff alle übrigen während des Prozeßablaufs gebildeten Produkte wieder in den Prozeß zurückgeführt und dort vollständig verbraucht werden müssen. Die im vorigen Abschnitt besprochenen Reaktionsgleichungen können immer dann zum Schema eines Kreisprozesses zusammengefügt werden, wenn die entstehenden Zwischenprodukte vollständig im Prozeß wieder aufgebraucht werden. Die daraus resultierende mathematische Bedingung kann wiederum auf die Lösung eines linearen Gleichungssystems zurückgeführt werden /2/.

Literaturverzeichnis

/1/ O. Knacke: Unveröffentlichte thermodyn. Daten, 1989

/2/ Schubert, J. und K.F. Knoche: Schlußbericht zum Studienvertrag Nr. 045-72-7 ECID (f) der Europäischen Gemeinschaft

SOLARCHEMISCHE VERFAHRENSTECHNIK

AM BEISPIEL DER METHANREFORMIERUNG

R. Harth, N. F. Nießen

Kernforschungsanlage Jülich GmbH

1. Einführung

Alle Überlegungen und F+E-Arbeiten zum Einsatz solarer Energie für die Durchführung chemischer Prozesse können schwerpunktmäßig drei Zielen zugeordnet werden:

- Substitution konventioneller Energieträger in eingeführten industriellen Prozessen mit wesentlicher Beibehaltung des bewährten und erprobten Prozeßablaufes.

- Entwicklung von Prozessen, die heute vielfach als Voraussetzung für eine extensive Nutzung der Solarenergie gesehen werden (z. B. Übertragung des Energiegehalts der Solarstrahlung auf speicher- und transportierbare Energieträger).

- Entwicklung neuartiger Prozesse, die die besonderen Eigenschaften der Solarenergie nutzen und die bei Verwendung fossiler Energieträger nicht oder nicht so günstig realisiert werden können.

In der Folge von Grundsatzüberlegungen zur Eignung eines Prozesses für seine Anwendung wird der Verfahrenstechnik die Aufgabe gestellt, entsprechend dem aktuellen Stand von Forschung und Entwicklung technische Einrichtung auszuarbeiten, die eine Durchführung des Prozesses entsprechend den spezifizierten

Zielangaben gewährleisten. Für die Beeinflussung eines homogenen thermochemischen Prozesses stehen dem Verfahrenstechniker folgende wesentliche Einflußgrößen zur Verfügung:

- Einsatzstoffe, Energien, Zusatzstoffe
- Konzentrationen
- Temperatur
- Druck
- Aufenthaltszeit
- Katalysatoren

Voraussetzung für die Entwicklung und Ausarbeitung eines geeigneten technischen Verfahrens ist die klare Definition des Zielproduktes und die Kenntnis der Auswirkungen aller genannten Einflußgrößen sowie sonstiger Randbedingungen, denen die Reaktionen im Laufe der Verfahrensführung ausgesetzt werden.

2. Allgemeines zur Methanreformierung

Das Beispiel der Methanreformierung fällt in das Gebiet der Thermochemie. Sie ist ein stark endothermer Prozeß, in den die Reaktionsenthalpie nach dem Stand der Technik als Wärme eingekoppelt werden muß.

$$CH_4 + 2H_2O + \text{Wärme} \rightleftharpoons 4H_2 + CO_2$$

Im folgenden wird nur die Methanreformierung mit Wasserdampf betrachtet. Die Anwendungsmöglichkeiten der Methanreformierung mit Wasserdampf liegen in den ersten beiden Zielbereichen:

- Als weltweit eingeführter, seit Jahrzehnten bewährter und erprobter Herstellungsprozeß für Synthesegas und Wasserstoff werden heute wertvolle fossile Energieträger wie Erdgas und Heizöl zur Wärmeerzeugung eingesetzt. Hier bietet sich ein Potential für deren Substitution durch solare Wärme.

- Als Beitrag zum 2. Gebiet stellt die Methanreformierung den endothermen Teilschritt des thermochemischen Kreisprozesses zum Ferntransport von Wärme (EVA-ADAM-System, Chemical Heat-Pipe) dar.

- Ein sehr interessanter Vorschlag, der von Marchetti ausgeht /1/, ist die Möglichkeit, Erdgas direkt im Quellgebiet durch Reformierung mit Wasserdampf umzuwandeln, den Wasserstoff als Energieträger in die Ferntransportleitungen einzuspeisen und das entstandene CO_2 wieder in die Lagerstätte zurückzuführen (siehe Abb. 1). Der erzeugte Wasserstoff hat einen höheren Heizwert als das eingesetzte Erdgas und ergibt bei der Verbrennung keine schädlichen Rückstände. Das in die Erdgaslagerstätte verpreßte CO_2 gelangt nicht in die Atmosphäre, sondern kann als Treibgas sogar die Erdgasausbeute der Lagerstätte erhöhen.

In einem Reaktionsgefäß, in das Methan und Wasserstoff eingespeist werden, ist unter geeigneten Bedingungen eine Vielzahl von Reaktionen denkbar, z. B.:

$$CH_4 + 2H_2O = 4H_2 + CO_2 \qquad \Delta H = +\ 164 \text{ kJ/mol}$$
$$CH_4 + H_2O = 3H_2 + CO \qquad = +\ 205 \text{ kJ/mol}$$
$$CH_4 + CO_2 = 2H_2 + 2CO \qquad = +\ 246 \text{ kJ/mol}$$
$$CO + H_2O = H_2 + CO_2 \qquad = -\ 41 \text{ kJ/mol}$$

Zwei dieser Gleichungen genügen zur Beschreibung des Stoffsystems, die anderen sind linear ableitbar. In einem Reaktionsraum können sich jedoch auch verschiedene Zustände einstellen, bei denen neben den o. g. homogenen Reaktionen auch unerwünschte heterogene Umsetzungen stattfinden, beispielsweise:

$$CO + H_2 = C + H_2O \qquad \Delta H = -\ 131 \text{ kJ/mol}$$
$$2CO = C + CO_2 \qquad = -\ 172 \text{ kJ/mol}$$
$$CH_4 = C + 2H_2 \qquad = +\ 74 \text{ kJ/mol}$$

Aufgabe der Verfahrenstechnik ist es daher, die Prozeßführung so zu gestalten, daß die gewünschten Umsetzungen bevorzugt und im gewünschten Umfang ablaufen, während die störenden Reaktionen zuverlässig unterdrückt werden.

Nachfolgend sollen die anfangs genannten Randbedingungen und festzulegenden Parameter mit ihrem Einfluß auf den Prozeß der Methanreformierung kurz dargestellt werden.

- Als Einsatzstoffe für einen Produktionsprozeß sind wohl ausschließlich Erdgase anzusehen. Diese bestehen zum überwiegenden Teil aus Methan. Besonderes Augenmerk muß jedoch den geringen Anteilen von schwefel- und halogenhaltigen Verbindungen geschenkt werden. Diese sind sehr aktive Giftstoffe für die heute zum Einsatz kommenden Katalysatoren. Deshalb müssen sie aus dem Einsatzgas entfernt werden.

  Als Einsatzenergie soll hier die Solare Prozeßwärme diskutiert werden. Es muß jedoch daran erinnert werden, daß für die Versorgung von Kompressoren, Pumpen, Steuer- und Regeltechnik u. a. die Verfügbarkeit von elektrischem Strom unabdingbar ist.

  Als Zusatzstoff ist das erforderlich Wasser anzusehen. Seine Bereitstellung ist in sonnenscheinreichen Regionen häufig schwierig. Wegen der sehr hohen Prozeßtemperaturen ist eine Vollentsalzung erforderlich.

- Konzentrationen:

  Für die Methanreformierung muß eine optimale Einstellung des Atomverhältnisses H:C:O vorgenommen werden. Dieses ist abhängig von dem nachfolgenden Prozeß (Synthese, Gasreinigungsverfahren). Dabei sind Grenzwerte einzuhalten, damit unerwünschte Reaktionen, wie die Bildung von freiem Kohlenstoff, zuverlässig vermieden wird.

- Temperatur:

  Der erreichbare Umsatz wird durch thermodynamische Gesetzmäßigkeiten bestimmt. Die Auswirkungen des Parameters Temperatur zeigt Abb. 2. In heutigen Industrieanlagen liegen die höchsten Prozeßtemperaturen zwischen 780 und 900°C. Die ausschließlich zum Einsatz kommenden metallischen Reformerrohre weisen bei diesen Zuständen nur noch eine sehr geringe Festigkeit auf, da ihre mittlere Wandtemperatur aufgrund der Wärmezufuhr noch deutlich über der Prozeßtemperatur liegt, siehe Abb. 3. Aus diesem Grund kommt in laufenden Anlagen der exakten, auslegungsgemäßen Betriebsführung bei gleichbleibend konstanten Zuständen eine enorme Bedeutung zu. Die diesbezüglichen Belastungsgrenzen hochtemperaturbeständiger Legierungen sind für Anwendungen des nuklearen Hochtemperaturreaktors sehr intensiv untersucht worden. Damit stehen auch für solare Anlagen verläßlich Materialdaten zur Verfügung.

- Druck:

  Der Einfluß des Druckes auf den Umsatz ist ebenfalls in Abb. 2 erkennbar. Trotz des umsatzmindernden Effektes von erhöhtem Druck wird die Methanreformierung in Industrieanlagen bei Drükken zwischen 20 und 40 bar betrieben. Die dadurch erzielten Vorteile bei der Reaktionskinetik, den Behälter- und Rohrleitungsabmessungen, den Pump- und Kompressorleistungen u. a. m. wiegen den ungünstigen Effekt auf das chemische Gleichgewicht auf.

- Aufenthaltszeit:

  Bei einigen Vorgängen der Methanreformierung spielen zeitliche Verläufe eine wichtige Rolle. So wird für die handelsüblichen Katalysatoren eine Höchstbelastung angegeben, die in der Praxis eine Begrenzung der zulässigen Strömungsgeschwindigkeit in der Katalysatorschüttung bedeutet. Ein anderes Beispiel ist die Abkühlung der Gasmischung nach Austritt aus dem Katalysatorbett. Hier wird in der Regel eine Quench-Kühlung vorgesehen,
  um das erreichte Gleichgewicht einzufrieren.

- Katalysatoren:

  Katalysatoren werden eingesetzt, um die gewünschten Vorgänge möglichst selektiv in ihren Abläufen zu beschleunigen bzw. unter technisch einfacher zu beherrschenden Zuständen ablaufen zu lassen. Für die Methanreformierung sind kommerzielle Katalysatoren verfügbar, die bei den heutigen Industrieprozessen ein weitgehendes Erreichen der thermodynamisch möglichen Gleichgewichtszusammensetzung gewährleisten.

3. Solare Randbedingungen

Die wesentlichen Merkmale der natürlichen Sonnenenergie sind
- Unerschöpflichkeit
- intermittierende Verfügbarkeit
- großflächige, relativ gleichmäßige Verteilung
- geringe Energiedichte.

Die relativ geringe Strahlungsdichte auf der Erdoberfläche erfordert erheblichen Aufwand, um die großflächig eingestrahlte Energie so weit zu konzentrieren, daß die für technische Prozesse benötigten Energiedichten erzielt werden.

Aus wirtschaftlichen Gründen werden heutige industrielle Produktionsprozesse, insbesondere Hochtemperatur-Prozesse für die Herstellung von Massengütern, kontinuierlich bei gleichbleibender Maximalleistung betrieben. Die Einkopplung der intermittierend verfügbaren Sonnenenergie erfordert deswegen entweder die zusätzliche Bereitstellung einer fossilen Wärmequelle oder eine mehrfach größere Solaranlagen, deren Mehrleistung für die Energiebedarfsdeckung in Schatten- und Nachtzeiten gespeichert werden muß.

4. Konzepte für die solare Methanreformierung

Konventionelle Reformer bestehen aus Reaktionsrohren, in denen die Umsetzung abläuft. Diese sind senkrecht in öl- oder gasbefeuerten Ofenkammern angeordnet, Abb. 4 /2/. Die Wärmeübertragung erfolgt weitgehend durch Strahlung. Ein neuartiger Reformer wurde für die Beheizung mit nuklearer Prozeßwärme aus Hochtemperaturreaktoren entwickelt, Abb. 5. Die Beheizung erfolgt konvektiv durch Helium /3/.

Dieses Prinzip bietet sich auch als eine Lösung für die Einkopplung solarer Wärme an. Ein gasförmiger Wärmeträger wird im Receiver einer Solarturmanlage auf die erforderliche Temperatur gebracht und überträgt die Wärme auf die Reaktionsrohre, Abb. 6. Diese Anordnung bietet auch die einfache prinzipielle Möglichkeit, Wärme für Nacht- und Schattenzeiten zu speichern.

Ein anderes Konzept sieht die direkte Beheizung der Reaktionsrohre durch konzentrierte Solarstrahlung vor, Abb. 7. Dabei muß der chemische Reaktor auf dem Turm angeordnet werden. Für die Durchführung des Prozesses bei nicht ausreichendem Sonnenlicht liegt noch kein überzeugender Vorschlag vor.

Interessante Experimente, deren Ziel es ist, der eigentlichen Reaktionszone für die Methanreformierung, dem Katalysator, die erforderliche Reaktionswärme durch konzentrierte Solarstrahlung direkt zuzuführen, Abb. 8, laufen bei der DLR in Zusammenarbeit mit dem Sandia National Laboratory, Albuquerque/NM, USA. Diese Variante eines solaren Reformers baut auf den Entwicklungen zum volumetrischen Receiver auf.

6. Vergleich unterschiedlicher Varianten der Methanreformierung

Die Firmen Lurgi und MAN haben in einer vergleichenden Studie die Herstellungsprozesse von Methanol und Ammoniak aus Erdgas bei Einsatz von verschiedenen Varianten der solaren Methanreformierung untersucht /4/. Dabei wurden verschiedene Konzepte der Einkopplung der solaren Prozeßwärme verglichen:

- Separate luftgekühlte Receiver mit Tmax. = 800°C und Tmax. = 1.000°C
- System mit und ohne Wärmespeisung
- Reformer im Receiver.

Den verfahrenstechnischen Untersuchungen sind folgende, teilweise idealisierte Annahmen zugrundegelegt worden:

- Die Solaranlage wird 365 Tage/Jahr betrieben
- Die solare Einstrahlung ist mit 900 W/m² angenommen
- Die chemische Fabrik produziert kontinuierlich 8160 h/a.

Die in die unterschiedlichen Verfahrensvarianten einkoppelbaren Mengen an solarer Prozeßwärme sind in Abb. 9 graphisch dargestellt. Wie daraus ersichtlich ist, wird die erforderliche Prozeßwärme aus verschiedenen Quellen erzeugt:

- Ein Teil des eingesetzten Erdgases wird zur Prozeßwärmeerzeugung verbrannt (PW-CH_4)

- Entsprechend der Zielsetzung dieser Entwicklung wird thermische Solarenergie zur Deckung des Prozeßwärmebedarfs eingesetzt (PW-solar)
- Aufgrund unvollkommender chemischer Umsetzungen und nicht ausgeglichener Stöchiometrieverhältnisse fallen bei der industriellen Prozeßführung verschiedene Restgase an, die gesammelt und mangels anderer Verwendungsmöglichkeiten ebenfalls für die Prozeßwärmeversorgung genutzt werden (PW-Resid.Gas).

Das Diagramm veranschaulicht auch die ermittelten Substitutionsmöglichkeiten der fossilen Prozeßwärme durch Solarenergie. Zweierlei wird dabei erkennbar:

- Mit einer solaren Wärmequelle von 800°C kann der Rohstoffeinsatz für die Prozeßwärmeerzeugung bei der Methanreformierung zur Methanolherstellung nicht vollständig substituiert werden. Erst durch einen Wärmeträger mit etwa 1.000°C kann der Einsatz von Erdgas für die Prozeßwärmeerzeugung vollständig abgelöst werden.
- Auch eine Wärmequelle mit 1.000°C kann nur dann die Verwendung von Einsatzgas für die Prozeßwärmeerzeugung gänzlich substituieren, wenn sie kontinuierlich 24 Stunden/Tag zur Verfügung steht. Für den Einsatz von Solarenergie bedeutet das die Notwendigkeit der Speicherung von Hochtemperaturwärme, so daß Nacht- und Wolkenzeiten aus dem Speicher überbrückt werden können.

Das Schaubild zeigt auch, daß der Beitrag der im Prozeß anfallenden Restgase für die Wärmeversorgung bei allen Varianten der Einkopplung von Solarwärme konstant ist. Das bedeutet, daß bei der industriellen Durchführung der Methanolsynthese aus Erdgas mit solarer Prozeßwärme nach dem heutigen Stand der Technik ein Energieträger fossilen Ursprungs bei der Verfahrensoptimierung einbezogen werden muß.

7. Schlußbemerkungen

Die Methanreformierung ist von vielen Seiten als der Prozeß vorgeschlagen worden, der für die Anwendung von solarer Hochtemperaturwärme in besonderer Weise geeignet ist. Welches sind die Gründe dafür? Die Antwort setzt sich aus mehreren Aspekten zusammen. Betrachtet man als erstes die industriellen Anwendungsmöglichkeiten in der Zukunft, so sind drei Bereiche zu nennen, in denen die Methanreformierung eine Rolle als Schlüsselprozeß spielen kann:

- **Aufarbeitung und Umwandlung fossiler Rohstoffe**, die in ihrer natürlichen Zusammensetzung nicht für den direkten Endverbrauch geeignet sind.

- Die **Herstellung von Wasserstoff** aus Wasser unter Bindung des Sauerstoffs an Kohlenstoff. In einer Wasserstoff-Ära werden alle verfügbaren Herstellungsverfahren zum Einsatz kommen müssen, auch solche, die den Einsatz fossiler Rohstoffe erfordern.

- Die anfangs bereits beschriebene Möglichkeit einer **Vermeidung der CO_2-Abgabe** an die Atmosphäre bei der Erdgasnutzung. Dieser Vorschlag gründet allein auf der Verfügbarkeit einer Methanreformierung, die mit "nichtfossiler" Prozeßwärme versorgt wird - also mit solarer oder nuklearer Prozeßwärme. In diesen Bereich gehört auch der EVA-ADAM-Prozeß (Chemical Heat-Pipe).

Die Aussichten auf eine erfolgreiche Entwicklung der solarthermischen Verfahrenstechnik für die Versorgung der Methanreformierung sind durchaus gegeben, da die zu beherrschenden technologischen Zustände und Parameter zwar vielfach an der Grenze des heutigen Stands von Wissenschaft und Technik liegen, fundierte Lösungsansätze jedoch bereits erarbeitet worden sind. Als größte Schwierigkeit zeichnet sich die Realisierung einer kontinuierlichen, unterbrechungslosen Wärmeversorgung des chemischen Prozesses ab, die sowohl aus wirtschaftlichen wie auch aus technischen Gründen als Ziel zu setzen ist.

Die Entwicklung der Einkopplung solaren Prozeßwärme in die Methanreformierung ist auch als Vorreiter für den breiteren Einsatz solarthermischer Energie in andere chemische und technische Prozesse zu sehen, bei denen die verfahrenstechnischen Elemente wie Temperatur, Druck, Wäremübertragung, Katalyse usw. wichtige Bestandteile der Prozeßführung sind.

Schrifttum:

/ 1 / Marchetti, C. How to Solve the CO_2 Problem Without Tears - 7th World Hydrogen Conference, "Hydrogen Today" Moscow, 25.-29. September 1988

/ 2 / Jockel, H. Röhrenspaltung gasförmiger KW mit Wasserdampf In: Ullmanns Encyklopädie der technischen Chemie, 4. Aufl., Band 14

/ 3 / Kernforschungsanlage Jüich GmbH Rheinische Braunkohlenwerke AG Nukleare Fernenergie Zusammenfassender Bericht Jül-Spez-303, März 1985

/ 4 / MAN Technolgie GmbH, München LURGI GmbH, Frankfurt/Main Comparative Investigation and Ratings of Different Solar Systems Using Tubular Steam Reformers for Grass Root Chemical Complexes June 1986 Prepared for DFVLR, Köln

Methanreformierung
zur CO2-Vermeidung
Solarwärme
(0,4 kWh)
Erdgas
1 kWh
REFORMER
Wasserstoff
1,2 kWh
CO2
(Zurück in Erdgaslagerstätte)
Abb. 1

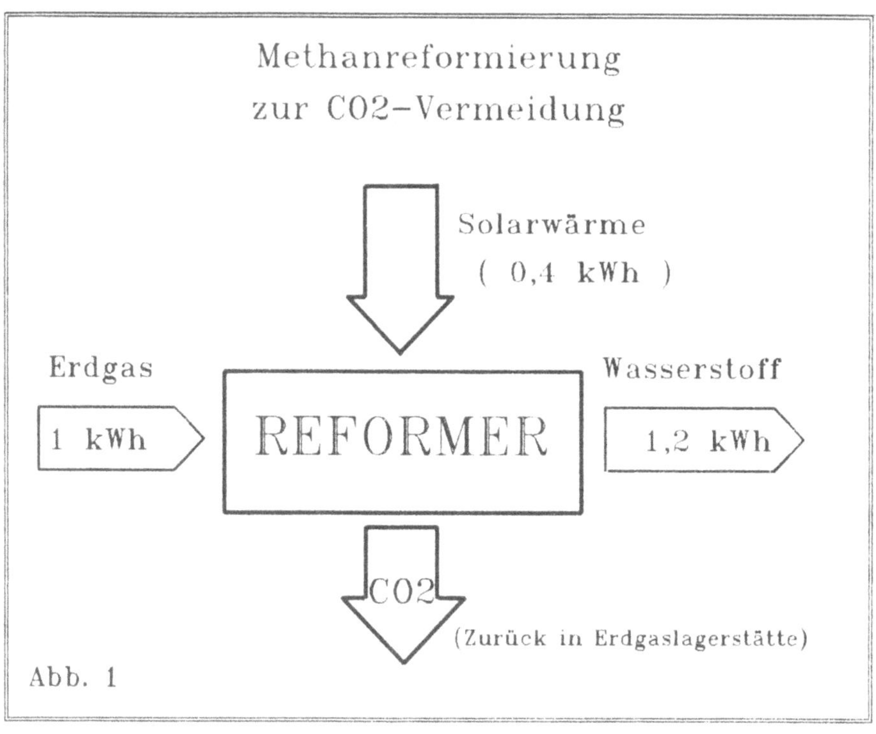

Methan-Reformierung
mit Wasserdampf
CH4-Umsatz (%)
100%
80%
60%
40%
20%
0%
0 100 200 300 400 500 600 700 800 900 1000 1100 1200
Gleichgewichts-Temperatur (Grd C)
p = 1 bar
10 bar
40 bar

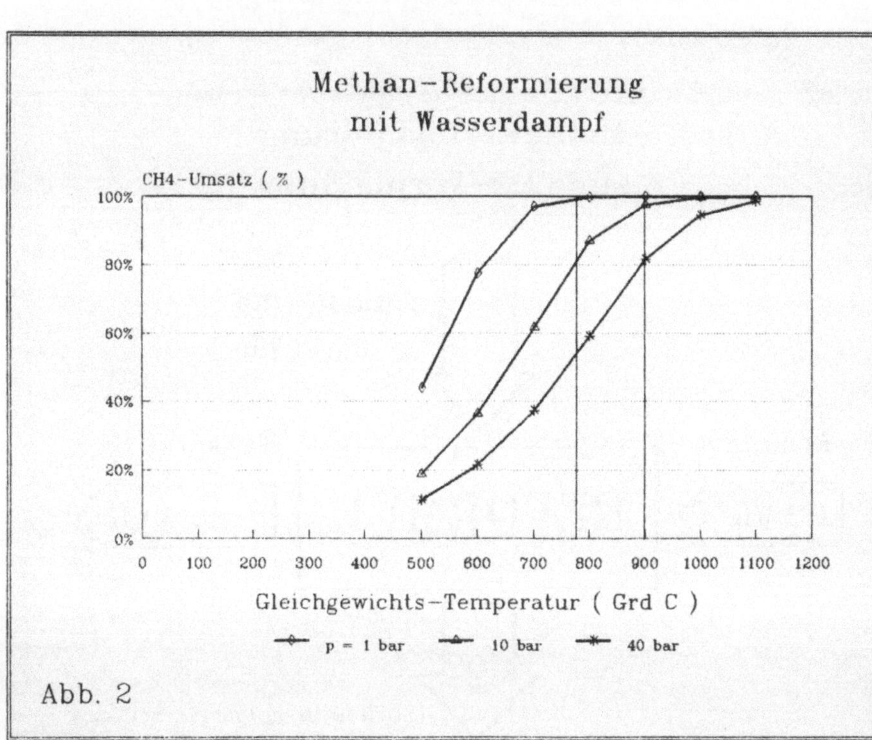

Abb. 2

Werkstoff-Festigkeit
IN 617
N/mm2
1000
800
600
400
200
0
0
100
200
300
400
500
600
700
800
900
1000
1100
1200
Temperatur (Grd C)
neu
100.000 h Betrieb

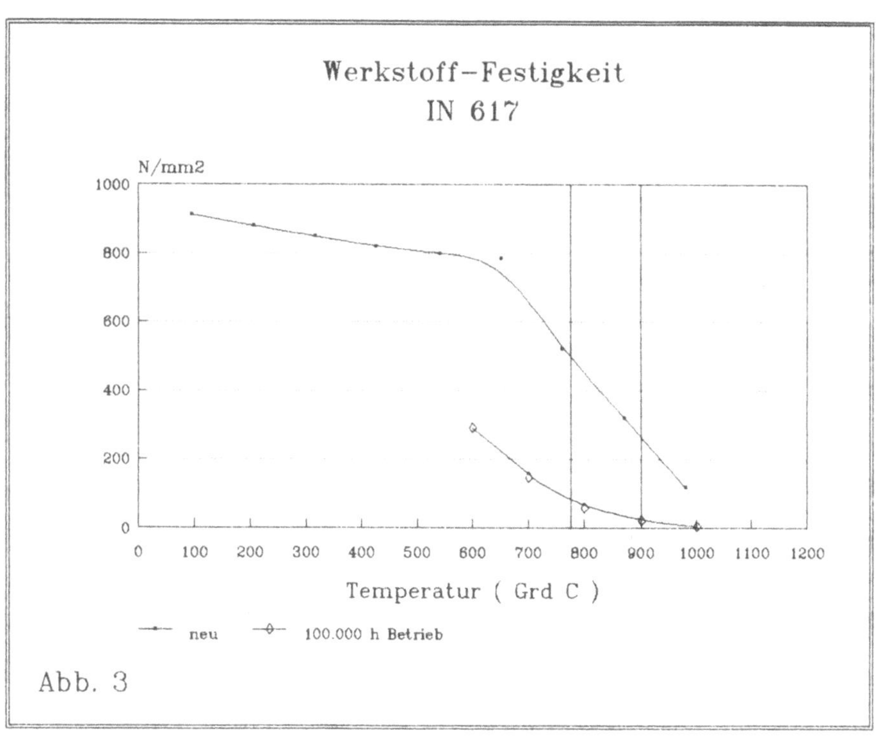

Abb. 3

Konventioneller Reformer

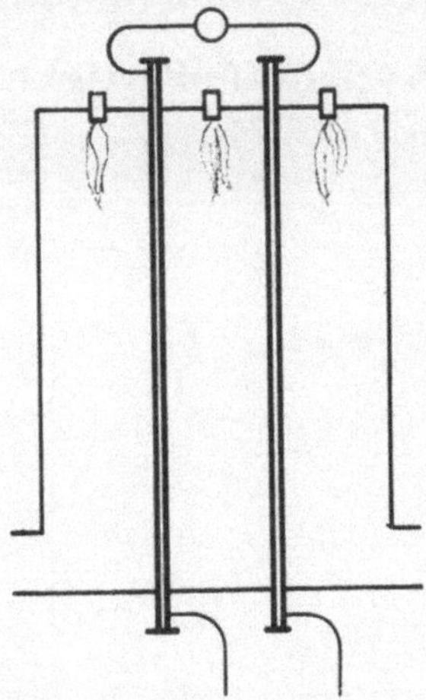

1.600 > T1 > 1.000 Grd C

P1 = 1 bar

P2 < 40 bar

Wärmeübergang durch Strahlung

Kontinuierlicher Betrieb

Abb. 4

Rohrbündel-Reformer

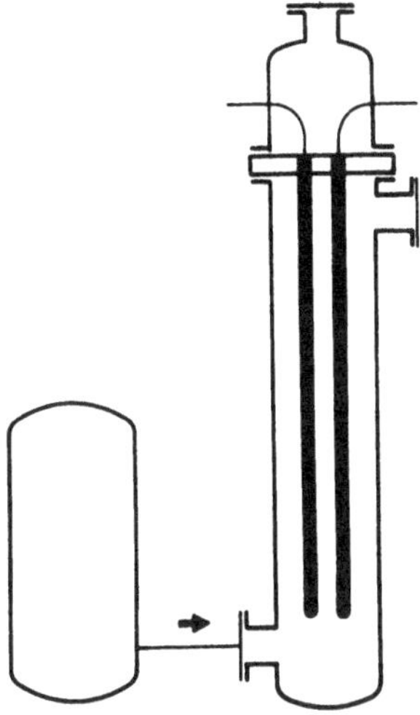

Separate Wärmequelle (HTR)

Gasförmiger Wärmeträger (He)

950 > T1 > 700 Grd C

P1 = P2 (40 bar)

Wärmeübergang durch Konvektion

Kontinuierlicher Betrieb

Abb. 5

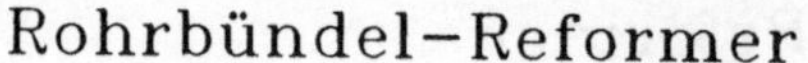
Rohrbündel-Reformer

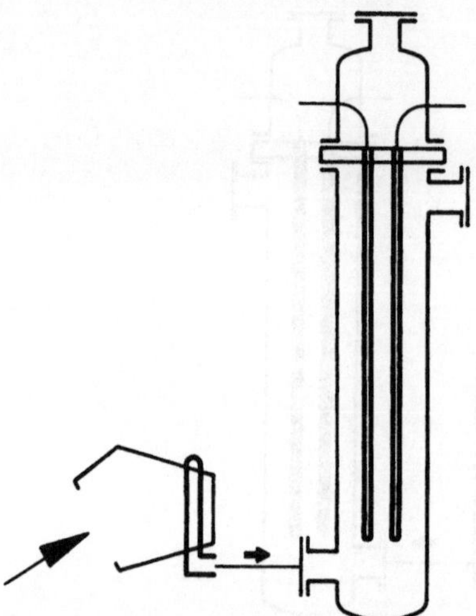

Separate Wärmequelle = Solarer Receiver
Diskontinuierliche Wärmelieferung
Gasförmiger Wärmeträger (Luft, He)
Ziel: T1 max > 800 Grd C
P1 < 10 bar; 20 < P2 < 40 bar
Wärmeübergang durch Konvektion

Abb. 6

Reformer im Receiver

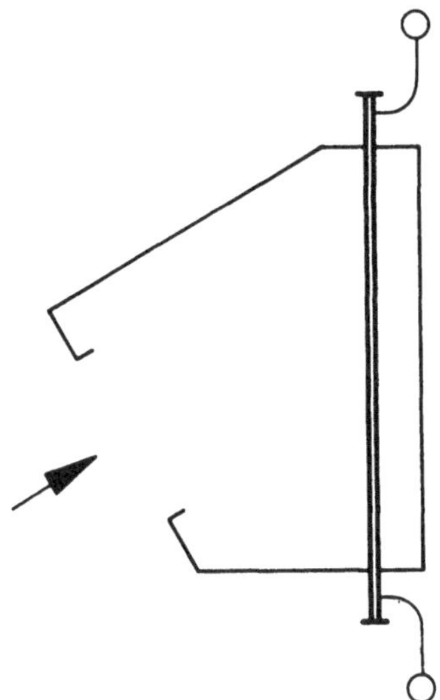

Direkte Beheizung durch Solarstrahlung

Diskontinuierliche Wärmelieferung

Ziel: T1 max > 800 Grd C

P1 = 1 bar

20 < P2 < 40 bar

Abb. 7

Reformer mit Fenster

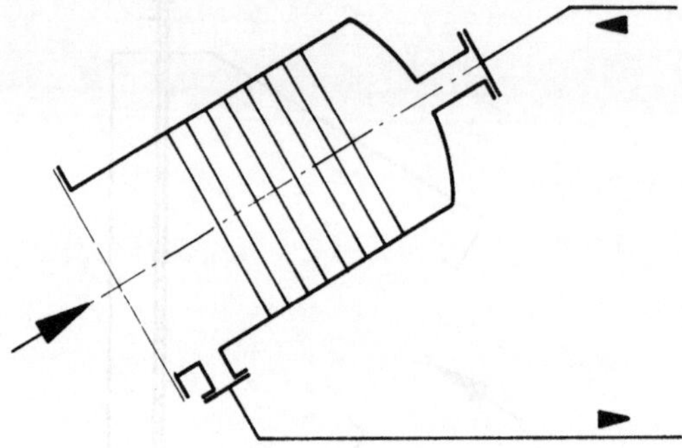

Direkte Beheizung durch Solarstrahlung

Diskontinuierliche Wärmelieferung

Fenster erforderlich !

Ziel: T > 800 Grd C

20 < P < 40 bar

Abb. 8

Methanol mit Solarer Prozeßwärme
Zugeführte Prozeßwärme
Prozeßwärme (MWh/t Methanol)
3,5
3,0
2,5
2,0
1,5
1,0
0,5
0,0
fossil
800 C
900 C/Int
1.000 C
800 C+Sp
1.000 C+Sp
Prozeßvarianten
PW-CH4
PW-solar
PW-Resid.Gas
Abb. 9

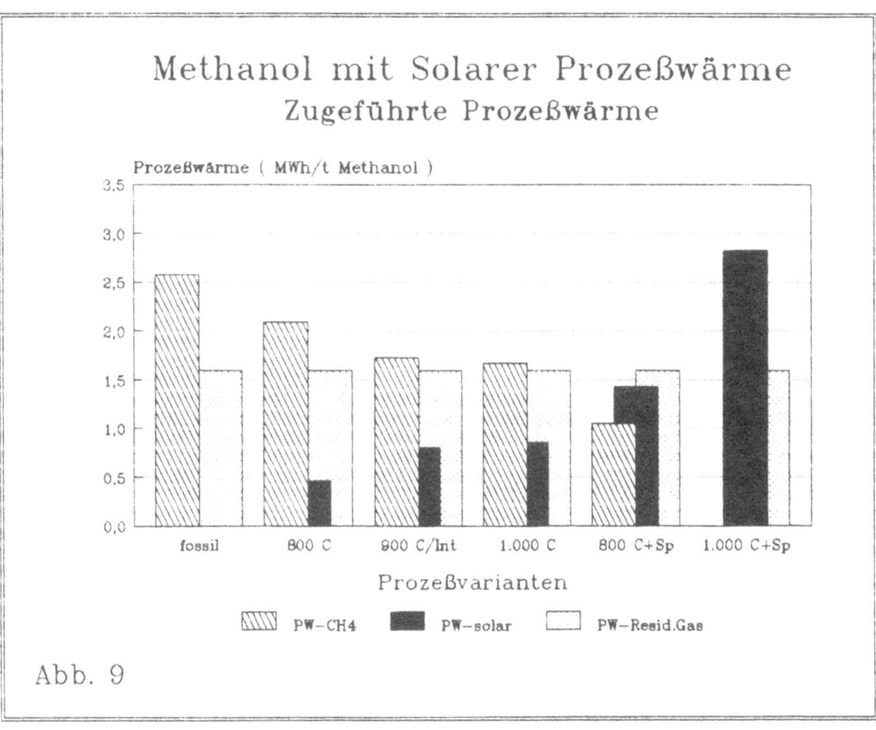

KLASSIFIZIERUNG UND PERSPEKTIVEN PHOTOCHEMISCHER UND THERMO-PHOTOCHEMISCHER PROZESSE

Helmut Tributsch
Hahn-Meitner-Institut
Abt. Solare Energetik
D-1000 Berlin 39

Zusammenfassung

Die thermodynamischen und kinetischen Voraussetzungen für die Umwandlung von konzentrierter Solarenergie bei hohen Temperaturen über homogen photochemische, photoelektrochemische, mikroheterogen photochemische und photogalvanische Prozesse werden analysiert. Selbst bei den noch zu entwickelnden kinetisch günstigeren heterogenen Photoprozessen verschlechtern sich die Perspektiven der Energieumwandlung mit zunehmender Temperatur erheblich, ganz im Gegensatz zur solarthermischen Energieumwandlung, die mit zunehmender Temperatur effizienter wird. Es erweist sich, daß mit zunehmender Temperatur auf photochemischem Wege thermodynamische Kräfte (wie Photospannungen, chemische Potentialgradienten) zunehmend schwieriger zu mobilisieren sind, während thermodynamische Flüsse Photoströme, Reaktionsgeschwindigkeiten für chemische Umwandlungen) in der Regel eher positiv beeinflußt werden. Als eine in praktischer Hinsicht aussichtsreichste Entwicklungsmöglichkeit wird deswegen nicht die solare Herstellung von chemischen Energieträgern sondern die thermo-photochemische Umsetzung von Chemikalien diskutiert.

Grundlegende Betrachtungen zur Energieausbeute

Auf der Grundlage der Strahlengesetze und der Gleichgewichts-Thermodynamik läßt sich zeigen, daß die unter optimierten Absorptions- und Emissionsbedingungen maximal erreichbaren solaren Energieausbeuten für photochemische, thermochemische und kombiniert thermo-photochemische Mechanismen unterschiedlich sind (z.B./1/, siehe auch R. Sizmann, Beitrag zu diesem Buch). Ein einzelner Quantenabsorber optimierter Anregungsenergie ($\Delta E \sim 1.5$ eV) kann bei Umgebungstemperatur und nichtkonzentrierter solarer Einstrahlung (eine Sonne) Energieumwandlungsreaktionen mit maximal 31% Ausbeute bewerkstelligen. Diese Energieausbeute vermag bei 10^4 Sonnen Energieeinstrahlung bis auf 39% anzusteigen. Auffallend ist, daß diese optimalen Energieausbeuten mit höherer

Temperatur wegen der damit verbundenen erhöhten Abstrahlung rasch abfallen und schon bei 450 ^{o}C verschwindend klein sind (Abb.: 1). Ausschlaggebend dafür ist letztlich der Umstand, daß das chemische Potential μ des Quantensystems, welches als nutzbringende Arbeit wiedergewonnen werden kann, folgender Carnot -Beziehung unterliegt:

$$\mu = h\nu^{*}(1 - T_Q/T) \qquad (1)$$

wobei $h\nu^{*} = E_1 - E_o$ die beim Übergang zwischen den Quantenzuständen E_o und E_1 absorbierte beziehungsweise emittierte Strahlungsenergie ist, T_Q die Temperatur des Quantensystems, und T die Temperatur der Umgebung.

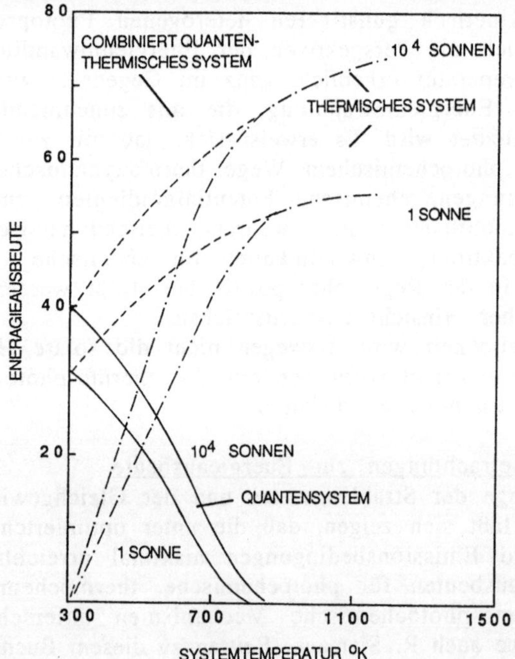

Abb.:1 Thermodynamische Grenzen und Temperaturabhängigkeit der Energieausbeute bei solaren Quantenprozessen, solarthermischen Prozessen und kombiniert quanten-thermischen Prozessen in Kaskadenanordnung. Die Ausbeuten bei Einstrahlung von 1 Sonne und 10^4 Sonnen werden verglichen.

Wenn die Temperatur T der Umgebung die Temperatur T_Q des Quantensystems erreicht, ist die Besetzung der betroffenen Elektronenniveaus identisch und es kann keine nutzbringende Arbeit mehr geleistet werden, was durch einen einfachen Kreisprozeß verifiziert werden kann.
Die Temperatur des Quantensystems T_Q ist dabei im Gleichgewicht definiert als

$$T_Q = (h\nu - \mu)\, T_R / h\nu \quad (2)$$

wobei T_R die Temperatur des Strahlungsfeldes ausdrückt. Die Temperatur T_Q eines realen Quantensystems wird also in der Regel erheblich niedriger sein als die Temperatur des Strahlungsfeldes.
Die Energieausbeute thermochemischer Mechanismen zeigt ein völlig andersartiges Temperaturverhalten. Wegen des zu berücksichtigenden Carnot-Wirkungsgrades $(1 - T_0/T)$ für die Energieumwandlung zwischen dem Temperaturreservoir T des Kollektors und Temperaturreservoir T_0 der Umgebung steigt die Energieausbeute von Null bei Umgebungstemperatur bis auf 54% bei über 500°C an. Bei Lichtkonzentrationen von 10^4 Sonnen und Temperaturen von über 1600 °C sind sogar Energieausbeuten von übei 75% erreichbar.
Eine kombinierte photochemische-thermochemische Energieumwandlung ließe Energieausbeuten zu, die bei niedrigen Temperaturen den photochemischen und bei hohen Temperaturen den thermochemischen entsprechen und dazwischen einen kontinuierlichen Übergang zeigen (Abb.: 1).
Eine weitere Steigerung der Energieausbeute ließe sich durch Aufspaltung der Lichtenergie in verschiedene Frequenzbereiche und optimale Anpassung einer Kaskade von Energiekonvertern erreichen. In diesem Falle könnte sowohl mit einem System, daß Quanten umwandelt, als auch mit einem System, daß thermische Energie umwandelt schon bei einer Sonne Energieausbeuten von maximal 68% erreicht werden.
Praktische Systeme lassen allerdings bisher nur erheblich bescheidenere Energieausbeuten zu, was allerdings von der Art der Mechanismen abhängt, die es gilt, zu klassifizieren.

Photochemische Systeme und reale Energieausbeuten

Photochemische Systeme zur Energieumwandlung können in folgende Gruppen eingeteilt werden (Abb: 2):

a) homogene photochemische Systeme
b) photoelektrochemische Systeme
c) mikroheterogene photochemische Systeme
d) photogalvanische Systeme

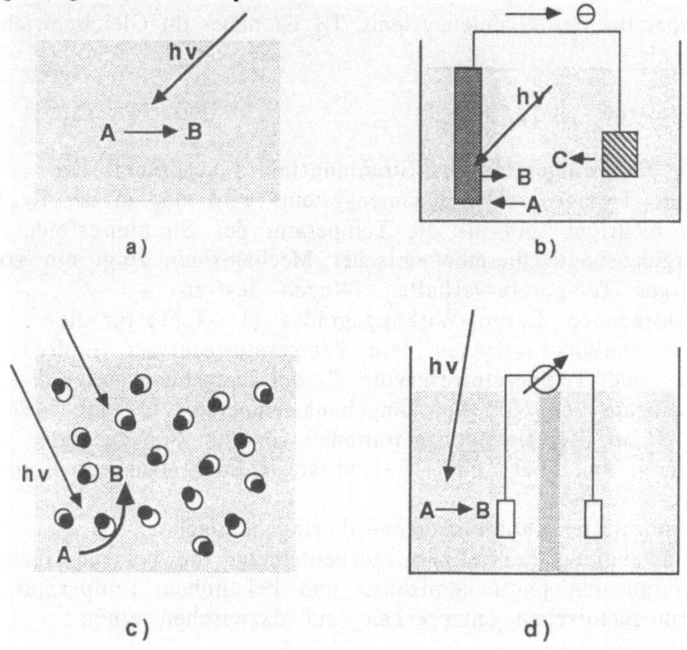

Abb:2. Schematischer Vergleich von (a) homogen photochemischen, (b) photoelektrochemischen, (c) mikroheterogen photochemischen und (d) photogalvanischen Systemen.

Während in homogenen photochemischen Systemen die Photoreaktion in homogener Phase abläuft, sind bei photoelektrochemischen und mikroheterogenen photochemischen Systemen Grenzflächen beteiligt. In photogalvanischen Systemen findet die photochemische Reaktion in homogener Lösung statt, aber die Energie wird auf elektrochemischem Wege über Elektroden entnommen, die in die Reaktionslösung eintauchen.
Langjährige praktische Erfahrungen zeigen, daß Energieausbeuten, welche in homogener Phase erreicht werden, im Gegensatz zu den thermodynamisch berechneten Werten (Fig.:1) vernachlässigbar klein sind. Als Grund dafür wurden vor allem wirksame Rückreaktionen erkannt, welche die photochemisch erzeugten Primärprodukte schnell wieder verbrauchen. Als weiterer Grund

kommt hinzu, daß die wichtigsten Energie umwandelnden Mechanismen Multielektronen-Übertragungsprozesse sind (z.B. Wasserspaltung, Kohlendioxidreduktion, Stickstoffixierung), was geeignete Zwischenspeicher als Elektronenreservoirs voraussetzt.

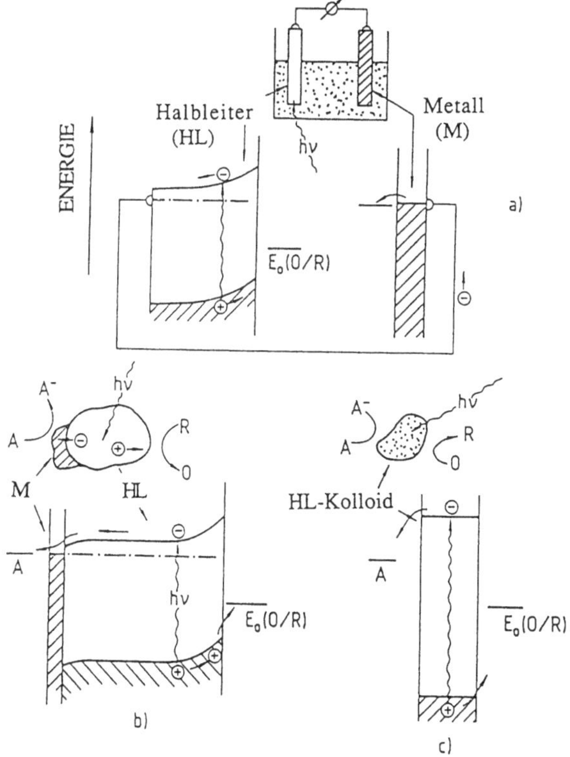

Abb.:3. Vergleich der Energieschema von (a) photoelektrochemischen, (b) mikroheterogenen und (c) kolloidal photochemischen Systemen.

Läßt man photochemische Systeme an Grenzflächen ablaufen, verbessern sich die Energieausbeuten erheblich, weil durch elektrische beziehungsweise chemische Gradienten vektorielle Prozesse ablaufen und auf diese Weise Rückreaktionen gedrosselt werden können. Die wirksamsten photoelektrochemischen Systeme (Abb: 3), bei denen eine belichtete Halbleiterelektrode Teil einer stromerzeugenden elektrochemischen Zelle ist, erreichen heute bereits 15% (z.B. GaAs, WSe_2). Die tatsächlich möglichen

Energieausbeuten brennstofferzeugender photoelektrochemischer Systeme liegen nur etwa halb so hoch wie die in Abb.: 1 für Quantensysteme angegebenen maximalen Werten. Dies liegt daran, daß bei Energiespeicherungsprozessen prinzipiell immer Energie verloren geht und auch beim natürlichen Prozeß der Photosynthese solche Verluste in Kauf genommen werden mußten.
Nichtsdestoweniger wurde abgeschätzt, daß eine einfache Kaskadenanordnung von Halbleitern die photoelektrolytische Wasserstoffgewinnung mit theoretisch 27%, praktisch 20 % Energieausbeute ermöglichen sollte/2/.
Mikroheterogene photochemische Systeme sind im Prinzip solche, die an kleinen, gegebenenfalls aus unterschiedlichen Materialien aufgebauten, Partikeln miniaturisierte elektrochemische Prozesse ablaufen lassen. Vor allem bei extrem kleinen Teilchen, Kolloiden, treten dabei neuartige Materialeigenschaften auf. Bisher gab es auf diesem Forschungsgebiet beachtliche Fortschritte bei photochemischen Mechanismen, jedoch noch nicht auf dem Gebiet signifikanter Energieumwandlung. Auch muß die Langzeit-Stabilität solcher Systeme noch unter Beweis gestellt werden.
Photogalvanische Systeme haben bisher nur vernachlässigbare Energieausbeuten geliefert, was vor allem damit zusammenhängt, daß die energieumwandelnde photochemische Reaktion in homogener Lösung vor der Elektrode abläuft und daher Verluste durch Rückreaktionen erheblich sind.

Solarthermische Systeme

Solarthermische Mechanismen der Energieumwandlung entsprechen konventionellen thermochemischen Mechanismen bei denen erhöhte Temperaturen eingesetzt werden, um energiespeichernde Produkte bereitzustellen. Sie können mit sehr guter Energieausbeute (bis zu 50% und darüber) durchgeführt werden, was durch zahlreiche gut entwickelte technologische Prozesse demonstriert wird (z.B. die Ammoniaksynthese). Verschieden Prozesse zur Wasserstofferzeugung sind realisierbar, so die direkte Wasserspaltung bei hoher Temperatur, die thermochemische Umwandlung über geeignete chemische Kreisprozesse, und die Hochtemperaturelektrolyse. Prozesse wie die solarthermisch betriebene Dampfreformierung von Methan oder die Kohlevergasung können mehr oder weniger in derselben Weise betrieben werden, wie die entsprechenden traditionellen industriellen Prozesse, nur mit dem Unterschied, daß die Wärme durch solare Energie bereitgestellt wird.

Kombinierte thermo-photochemische Energieumwandlung

Die kombinierte thermo-photochemische Umwandlung von solarer Energie ist ein neues Forschungsgebiet mit untersuchungswürdigen theoretischen Möglichkeiten, wo aber orientierende experimentelle Ergebnisse noch weitgehend fehlen. Hier soll der hocheffiziente solarthermische Energieumwandlungsprozeß mit photochemischen Mechanismen kombiniert werden, was theoretisch bei kaskadenartiger Kopplung von quanten - und thermischer Umwandlung zu einer additiven Summierung der temperaturabhängigen Energieausbeuten führen sollte (Abb.: 1). Bemerkenswert an der theoretischen Situation, so wie sie die Gleichgewichtsthermodynamik beschreibt, ist, daß die Energieausbeuten quantenchemischer Prozesse mit zunehmender Temperatur systematisch abnehmen und gegen null gehen, während die thermische Energieausbeute zunimmt. Die bei der photochemischen Energieumwandlung pro absorbiertem Photon zur Verfügung stehende Energie $\mu = h\nu\ (1 - T_Q/T)$ spielt bei der Berechnung der Energieausbeute dieselbe Rolle wie das Produkt von Photonenenergie $h\nu$ und Carnot-Wirksamkeit $(1 - T_O/T)$ bei der thermischen Energieumwandlung. Während die Quantenenergie mit zunehmender Annäherung der Reaktionstemperatur an die Quantentemperatur abnimmt, nimmt die in einem Kreisprozess mit dem Temperaturbad T_0 der Umgebung nutzbare thermische Energie zu.

Die hohe theoretische Energieausbeute bei Quantenprozessen, die bei Umgebungstemperatur ablaufen, erklärt sich aus der Möglichkeit, chemische Energie direkt aus zwischengespeicherter Anregungsenergie μ zu gewinnen. Der günstige Einfluß der Temperatur bei der thermischen Energieumwandlung beruht andererseits auf dem Carnot-Faktor $(1 - T_O/T)$.

Da μ nicht von der Frequenz des Lichtes abhängt, die Integration aber über alle Frequenzen des einfallenden Sonnenlichtes erfolgt, und auch die Optimierung hinsichtlich der günstigsten Absorptions- und Emissionsbedingungen bei Quanten- und thermischer Energieumwandlung andersartige Ergebnisse liefern, erklären sich der unterschiedliche Verlauf und die unterschiedlichen Maximalwerte der Energieausbeuten für beide Systeme.

Bei einer kombiniert quanten-thermischen Energieumwandlung interessiert nicht so sehr die sukzessive Umwandlung von Quantenenergie und thermischer Energie (wie als Kaskadensystem in Fig.: 1 beschrieben) sondern vielmehr eine vorstellbare kombinierte quanten-thermische Energieumwandlung. Dabei könnte man sich vorstellen, daß photochemisch erzeugte Zustände mit thermisch hochangeregten Zuständen zur Reaktion gelangen könnten. Auch wäre es denkbar, daß thermische Prozesse chemische Bindungen brechen und zu molekularen Zwischenprodukten führen, die durch Lichtenergie weiter angeregt werden können. Die Thermodynamik solcher Prozesse ist bisher theoretisch nicht hinreichend geklärt.

Der Einfluß der Temperatur auf die photochemische Energieumwandlung

Die Tatsache, daß die thermodynamisch berechenbare Ausbeute für die Quantenenergieumwandlung mit zunehmender Temperatur in beträchtlichem Maße abnimmt, ist ein ernstes Hindernis für Bemühungen, in Konzentratoranlagen gesammelte Solarenergie für photochemische Prozesse einzusetzen. Deswegen ist es von besonderer Wichtigkeit, diesen Tatbestand experimentell zu untermauern. Es gibt nur sehr wenige temperaturabhängige Messungen der Energieausbeuten quantenkonvertierender Systeme. Sie alle bestätigen, daß die Energieausbeuten mit zunehmender Temperatur deutlich abnehmen. Photovoltaische Solarzellen unterliegen genau denselben Gesetzmäßigkeiten der Energieumwandlung wie photoelektrochemische Solarzellen. Eine Silizium-Solarzelle, deren Temperatur von -40 ^oC auf +60 ^oC angehoben wurde, zeigte folgendes Verhalten /3/:

1) Die Leerlaufspannung V_{oc} erniedrigte sich von 0.74 V auf 0.52 V. Die festkörperphysikalische Erklärung dafür ist eine parallele Erhöhung des Sperrstromes.

2) Der Kurzschluß-Photostrom I_{sc} erhöhte sich von 30 auf 34 mA/cm^2. Die festkörperphysikalische Erklärung dafür ist die Erhöhung des Verhältnisses von Lebensdauer zu Diffusionslänge ebenso wie eine temperaturbedingte Verringerung der Bandlücke.

3) Der Füllfaktor FF erniedrigte sich gleichzeitig von 0.85 auf 0.69. Damit erniedrigte sich der Gesamtwirkungsgrad $\eta = V_{oc}I_{sc}FF/W$ (W= angebotene Strahlungsleistung) gleichzeitig von 13% auf 9%.

Eine ähnliche Abnahme des Wirkungsgrades mit zunehmender Temperatur wurde in unserem Laboratorium bei energieumwandelnden Festkörperkontakten ebenso wie bei photoelektrochemischen Solarzellen auf der Basis von halbleitenden Übergangsmetallverbindungen (z.B. FeS_2) festgestellt/4/. Auch in diesen Fällen war es die Photospannung, welche mit zunehmender Temperatur deutlich abnahm, während der Photostrom leicht anstieg. Bei photoelektrochemischen Solarzellen kann die temperaturabhängige Abnahme der Photospannung auch folgendermaßen plausibel gemacht werden: Die durch Belichtung mobilisierte freie Energie ΔG^* erzeugt die elektromotorische Kraft E^* nach der Beziehung:

$$E^* = -(1/zF)\Delta G^* \qquad (3)$$

Ein photoelektrochemischer Umsatz ist im Gegensatz zum Umsatz elektrischen Energie nicht entropiefrei. Es gilt :$\Delta G^* = \Delta H^* - T\Delta S$, was soviel bedeutet wie daß gleichzeitig mit der photochemischen Energie ΔG^* auch Reaktionswärme $T\Delta S$ zugeführt werden muß, was nur in einem irreversiblen Prozeß unter Entropieerzeugung möglich ist. Mit steigender Temperatur nimmt demzufolge der Bedarf an photochemischer Energie ab und der Bedarf an Prozeßwärme zu. Entsprechend gibt es nach Beziehung (3) auch ein temperaturabhängiges Photopotential:

$$\delta E^*/ \delta T = (1/nF)\, \Delta S \qquad (4)$$

Es muß aus diesen Überlegungen geschlossen werden, daß thermodynamische Kräfte wie das Photopotential mit zunehmender Temperatur schlechter mobilisiert werden können, im Gegensatz zu thermodynamischen Flüssen wie Photoströmen.

Ein zusätzliches Problem bei der Umsetzung von Licht in chemische Energie durch Quantenprozesse ist darin zu sehen, daß photochemische Mechanismen in homogenen Systemen zu vernachlässigbar niedrigen Energieausbeuten führen. Photoelektrochemische und mikroheterogene photochemische Systeme für Anwendungen bei höheren Temperaturen sind bisher aber noch nicht entwickelt worden. Sie wären vor allem mit gravierenden Materialproblemen, in erster Linie im Zusammenhang mit Stabilität, den erwünschten Halbleitereigenschaften und dem Grenzflächenverhalten konfrontiert. Dazu kommen noch prinzipielle Schwierigkeiten, die mit der Abnahme der Photoeffekte lichtempfindlicher Materialien mit zunehmender Temperatur verbunden sind. Gegen die Hoffnung auf wirksame photochemische Mechanismen bei höheren Temperaturen spricht auch die Tendenz, daß mit zunehmend höherer Temperatur photoelektrische und photoelektrochemische Rekombinationsprozesse ebenso wie chemische Reaktionsschritte, die zu Rückreaktionen führen, wirksamer werden.
Man muß zur Einschränkung der diskutierten thermodynamischen Überlegungen allerdings einräumen, daß diese ein Gleichgewichtsverhalten voraussetzen, das bei der Umwandlung von

Licht in chemische und thermische Energie nicht gegeben ist. In Wirklichkeit müßte man daher die Energieumwandlungsprozesse als Problem der irreversiblen Thermodynamik behandeln, wofür allerdings die theoretischen Voraussetzungen nicht erarbeitet sind.

Solarchemische Energieumwandlung oder präparative solare Chemie

Die vorhergegangenen Überlegungen haben gezeigt, daß photochemische Prozesse, die bei höheren Temperaturen in homogenen Medien ablaufen, keine signifikanten Energieumwandlungsraten erwarten lassen. Diese Schlußfolgerung ist vor allem auf langjährige photochemische Erfahrungen aufgebaut, denen zufolge wirksame Rückreaktionen photochemische Produkte wieder verbrauchen, insbesondere dann, wenn mehrere Elektronen übertragen werden müßten, um energiespeichernde Produkte freizusetzen. In diesem Fall gehen angeregte Elektronenzustände längst wieder verloren, lange bevor sie in hinreichender Zahl (z.B. 4 Elektronen für die Freisetzung von einem Molekül Sauerstoff) für die Erzeugung eines geeigneten Energieträgers (z.B. Wasserstoff) zur Verfügung stehen. Höhere Temperaturen wirken sich nicht nur auf die Thermodynamik, sondern auch auf die Kinetik der Energieumwandlung negativ aus, wobei allerdings wiederum die Einschränkung geltend gemacht werden muß, daß Aspekte der irreversiblen Thermodynamik dabei noch nicht berücksichtigt werden konnten.
Diese offensichtlichen Grenzen der photochemischen Energieumwandlung bedeuten jedoch nicht, daß photochemische Mechanismen nicht effizient bis zu ihren Endprodukten reagieren können. Lediglich die Fähigkeit der Energieumwandlung wird eingeschränkt. Vom negativen Einfluß höherer Temperaturen sind im wesentlichen die thermodynamischen Kräfte X betroffen ($X = -\text{grad}(\mu/T)$, $X = A/T$, mit μ = chemisches Potential, A = chemische Affinität). Das heißt, die Photopotentiale und die durch belichtete Membranen hindurch aufgebauten chemischen Gradienten sollten mit zunehmender Temperatur abnehmen. Die thermodynamischen Flüsse: durch Licht erzeugte Ströme (j) und Reaktionsgeschwindigkeiten bei photoelektrochemischen Umsätzen (w), nehmen andererseits in erster Näherung mit der Temperatur zu. Reaktionen, welche etwa nur eine Bindungsbrechung mit nachfolgender Umstrukturierung des betroffenen Moleküls beinhalten und keine nennenswerte Energieumwandlung bewirken, können, wie aus vielen Beispielen der Photochemie bekannt ist, sehr effizient sein. In diesen Fällen wird aber typischerweise solare

Energie nicht in gespeicherte chemische Energie umgewandelt sondern in Wärme. Dabei erhöht sich im allgemeinen der Zustand der Unordnung, also die Entropie. Auf diese Weise können chemische Produkte erzeugt werden die unter Umständen nutzbar sind. Die gegenüber der thermischen Energie hohe Energie der Lichtquanten lösen im allgemeinen die Reaktionen erst aus. Selbst wenn dies nicht der geschwindigkeitsbestimmende Schritt wäre, kann man durch Einbeziehung von Überlegungen aus der linearen irreversiblen Thermodynamik zeigen, daß Licht gegenüber thermischen Energiequanten den Reaktionsablauf beschleunigt:
Sowohl die Entfernung einer chemischen Reaktion vom Gleichgewicht, welche durch die chemische Affinität A bestimmt ist, als auch der Umsatz an freier Energie pro Zeiteinheit $d(\Delta G/dt)$, der für die Aufrechterhaltung einer stationären Erzeugungsrate des Produktes P (Bildungsgeschwindigkeit k_2) aus einem Reaktanden R (Bildungsgeschwindigkeit k_1) aufgebracht wird, nimmt mit der Temperatur zu /5/. Die Temperatur geht nicht nur linear in kT ein sondern exponentiell in die Geschwindigkeitskonstanten k_i.

$$A = kT\ln (k_1R/k_2P) \qquad (5)$$

$$d(\Delta G/dt) = (k_1R - k_2P)kT\ln(k_1R/k_2P) \qquad (6)$$

Da die formale Temperatur T des Strahlungsfeldes der Sonne, die als schwarzer Strahler angenähert werden kann, bei Berücksichtigung der Wien'schen Näherung, linear mit der Frequenz aber nur logarithmisch mit der spektralen Intensität L_ν zunimmt/6/,

$$T(\nu,L_\nu) \sim \nu \log L_\nu \qquad (7)$$

sollte es für den Ablauf einer chemische Reaktion übrigens bei gleichem Gesamtenergieangebot günstiger sein, als photochemische Reaktion abzulaufen, verglichen mit einer thermisch betriebenen Reaktion. Voraussetzung ist natürlich die Fähigkeit der Reaktanden, mit Lichtquanten zu reagieren. In anderen Worten: bei gleicher primärer Strahlungsenergie müßte eine photochemische Reaktion schneller ablaufen als eine thermisch betriebene Reaktion.
Man sollte deswegen folgern, daß rein photochemische Prozesse bei hohen Temperaturen immerhin für die präparative Chemie nützlich sind, vorausgesetzt, daß bei solchen Bedingungen brauchbare Produkte gewonnen werden können. Diese Produkte dürften selbst kaum größere Mengen an chemischer Energie speichern, könnten aber als Reaktanden in nachfolgenden thermochemischen

Energieumwandlungsmechanismen mitwirken, bei denen höhere Energieausbeuten viel leichter zu erzielen sind. Als Beispiel könnte man sich vorstellen, daß es über photochemische Prozesse gelingen könnte, die Bindungsenergie innerhalb eines Wasser- Katalysator Komplexes zu lockern, um so auf thermochemischem Wege leichter Wasser zu spalten. Solche Prozesse sind als kombiniert quantenthermische Mechanismen in Bezug auf die zu erwartende maximale Energieausbeute in Abb.: 1 dargestellt. In diesem Fall muß die Entropie-, Stoff- und Energiebilanz für die am Gesamtprozeß beteiligten Unterprozesse jeweils erfüllt sein.

Konsequenzen für die Suche nach thermo-photochemischen Prozessen

Aufgrund der vorangegangenen ernüchternden Überlegungen zur Energieausbeute und wegen des Fehlens von praktischen Erfahrungen sowie von genauen theoretischen Modellen zur irreversiblen Thermodynamik dieser Mechanismen ist es gegenwärtig illusorisch, über photochemische Prozesse bei hohen Temperaturen zu spekulieren, über die chemische Energieträger aufgebaut werden könnten. Hier äußert sich ein gewisser Forschungsbedarf, was aber den Erwartungshorizont nicht zu hoch setzen sollte. Andererseits gibt es in der chemischen Industrie viele präparative Mechanismen, die im Prinzip mit Sonnenlicht betrieben werden könnten (z.B. Synthese von Vitamin D). Allerdings fällt es in der Regel schwer, dem Einsatz von Solarenergie einen hinreichend großen wirtschaftlichen Wert zuzuordnen, um größere Forschungs- und Entwicklungsanstrengungen zu rechtfertigen. Dabei gibt es unter den technologischen Problemen eine Ausnahme, bei der hochtemperatur-photochemische und solarthermische Prozeßschritte unserer Meinung nach sinnvoll zu einer neuen Technologie kombiniert werden könnten: bei der Vernichtung von chemischem Sondermüll. Über diese Möglichkeit soll in einem getrennten Beitrag berichtet werden/7/.

Referenzen

/1/ A.F. Haught, Physics Considerations of Solar Energy Conversion, Contribution to the 2nd IPS Conference, Boulder, Colorado, 1980.

/2/ J.R. Bolton,S.J. Strickler and J.S. Connolly, Nature (London),316 (1985), 459

/3/ J.J.Wysocki, P.Rappaport;Appl. Phys. 31 (1981)R1

/4/ K.Büker, N. Alonso-Vante und H. Tributsch, unpublizierte Ergebnisse.

/5/ G. Nicolis und I. Prigogine, Self-Organization in Nonequilibrium Systems (1977) p. 34, 444, 446, John Wiley & Sons, New York
/6/ H. Ries, J.Opt. Soc. Am. 72 (1974), 380
/7/ H. Tributsch, Solarchemisches Kolloquium: Solare Detoxifizierung von Problemabfällen, DLR -Köln-Porz 12-13.6.1989

Nutzung von Solarenergie mittels photoelektrochemischer Prozesse

R. Memming
Institut für Solarenergieforschung GmbH,
3000 Hannover 1, Sokelanstr. 5

Einleitung

Der immer weiter steigende Weltenergiebedarf, die begrenzten Resourcen traditioneller Brennstoffe und Umweltprobleme haben in den letzten 1 1/2 Jahrzehnten zu einer intensiven Forschung bezüglich der Umwandlung und Speicherung von Solarenergie geführt. Bezüglich der Umwandlung in thermische und elektrische Energie sind schon einige anwendungsreife Systeme inzwischen entwickelt worden. Im Falle von Photovoltaik-Zellen hat man zumindest im Labor Wirkungsgrade bis zu 20% für Einkristall-Systeme und etwa 9% mit amorphen Schichten erreicht.

Im letzten Jahrzehnt hat man in verschiedenen Laboratorien auch eine Reihe von photoelektrochemischen Zellen bezüglich ihres Einsatzes zur Nutzbarmachung von Solarenergie untersucht. Diese photoelektrochemischen Systeme, bestehend aus Halbleiterelektroden und einem Elektrolyten, eignen sich im Prinzip zur Erzeugung elektrischer Energie oder für die Produktion eines speicherbaren chemischen Brennstoffes. In jüngerer Zeit hat man photoelektrochemische Methoden auch zur Entgiftung von Abwässern und für die Synthese wertvoller Chemikalien eingesetzt.

Verschiedene Ergebnisse zur photoelektrochemischen Nutzbarmachung von Solarenergie sind schon in einigen Review-Artikeln zusammenfassend beschrieben worden (siehe z.B. [1]-[5]). Im folgenden werden die Prinzipien der photoelektrochemischen Nutzung von Solarenergie an Hand von ausgewählten Beispielen dargestellt. Bevor auf die Erzeugung chemischer Brennstoffe eingegangen wird, soll kurz über die Umwandlung von Solarenergie in elektrische Energie berichtet werden.

1) <u>Photovoltaik-Zellen</u>

Es gibt im Prinzip drei Arten von Photovoltaik-Systemen: 1) pn-Photozellen, 2) Schottky-Dioden und 3) regenerative photoelektrochemische Zellen, von denen die ersten beiden reine Festkörpersysteme sind. Die Energieschemen der Festkörperzellen sind in Fig. 1a und b dargestellt. Entscheidend ist für beide Systeme, daß an der Grenzfläche, d.h. zwischen p- und n-dotierter Seite am pn-Übergang bzw. zwischen n-Halbleiter und Metall bei der

Schottky-Diode, ein elektrisches Feld existiert. Dieses wirkt als treibende Kraft für die durch Licht erzeugten Elektronen-Loch-Paare und führt zu ihrer Trennung wie durch Pfeile in Fig. 1a und b angedeutet ist. Die Strom-Potential Abhängigkeit ist qualitativ für beide Systeme identisch (Fig. 1)

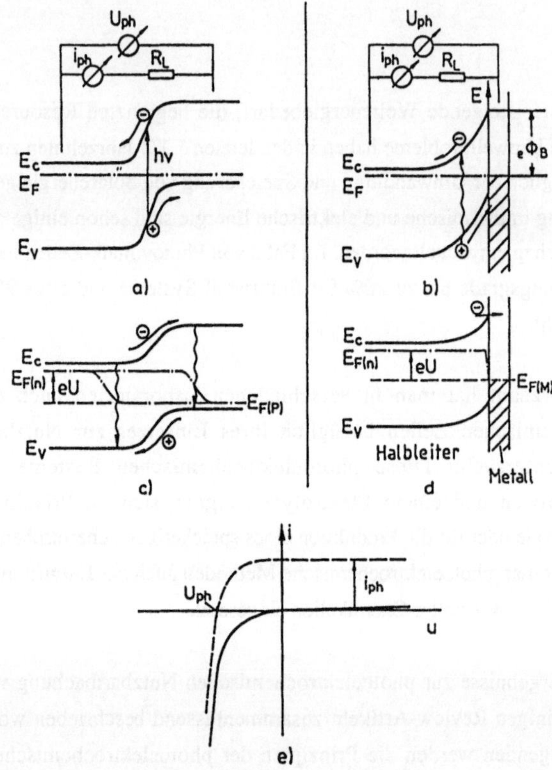

Fig. 1 Ladungstransfer-Prozesse an pn-Kontakten (links) und an Halbleiter-Metall Schottky Dioden (rechts) a) und b) Photoeffekte; c) und d) Ladungstransfer bei Vorwärtspolarisation im Dunkeln; e) Strom-Spannungs-Kennlinie

und wird durch die Beziehung (siehe z.B. Sze [6])

$$j = - j_{o,x} \left[\exp\left(\frac{-eU}{nkT}\right) - 1 \right] + j_{ph} \tag{1}$$

beschrieben, wobei U die angelegte Spannung, j_{ph} der Photostrom und $j_{o,x}$ der Grenzstrom in Sperrichtung sind. Letzterer bestimmt als präexponentieller Faktor auch wesentlich die Größe des Stromes in Vorwärtsrichtung. Es ist systemabhängig und ist gegeben durch

$$j_{o,x} \rightarrow j_{o,diff} = en_i^2\left(\frac{D_p}{N_D L_p} + \frac{D_n}{N_A L_n}\right) \tag{2}$$

(D_p; D_n und L_p; L_n Diffusionskonst. und -länge der Löcher und Elektronen; N_D und N_A Donator- und Acceptorkonzentrationen; n_i = intrinsische Konzentration) für einen pn-Übergang und durch

$$j_{o,x} \rightarrow j_{o,s} = 120\ \frac{m^*}{m_e}\ T^2 \exp\left(\frac{-e\O_B}{kT}\right) \tag{3}$$

für eine Schottky-Diode (m^* = effektive Masse, T = Temperatur und $e\O_B$ = Barrierenhöhe). Die unterschiedlichen Beziehungen kommen dadurch zustande, daß bei einem pn-Übergang der Vorwärtsstrom durch die Injektion und anschließende Rekombination von Minoritätsträgern bestimmt ist (Gl. (2)) (Fig. 1c) und bei der Schottky-Diode durch den Transfer von Majoritätsträgern vom Leitungsband zum Metall (Gl. (3); Fig. 1d) gegeben ist. Unter Belichtung ergibt sich nach Gl. (1) die Photospannung U_{ph} zu (j = 0)

$$U_{ph} = \frac{nkT}{e} \ln\left[\frac{j_{ph}}{j_{o,x}} + 1\right] \tag{4}$$

Auch hier erkennt man, daß $j_{o,x}$ einen wesentlichen Einfluß auf die Photospannung hat (siehe auch Fig. 1e).

Im Prinzip können ganz ähnliche Zellen durch einen Halbleiter/Elektrolyt Kontakt hergestellt werden. Der grundlegende Aufbau und ihre Funktionsweise sind in Fig. 2 dargestellt. Das System besteht aus einem n-Halbleiter und einer Metall- bzw. Graphit-Gegenelektrode, die beide im Kontakt mit einem Elektrolyten stehen, wobei letzterer ein reversibles Redoxsystem enthält. Im Gleichgewicht ist das elektrochemische Potential (Ferminiveau im Festkörper) im ganzen System konstant. Die durch Lichtanregung erzeugten Löcher bewegen sich aufgrund des Feldes über der Raumladungszone zur Oberfläche der Halbleiterelektrode und werden dort für die Oxidation der reduzierten Form (Red) des Redoxsystems verbraucht, während die Elektronen zum ohmschen Kontakt auf der Rückseite des Halbleiters wandern.

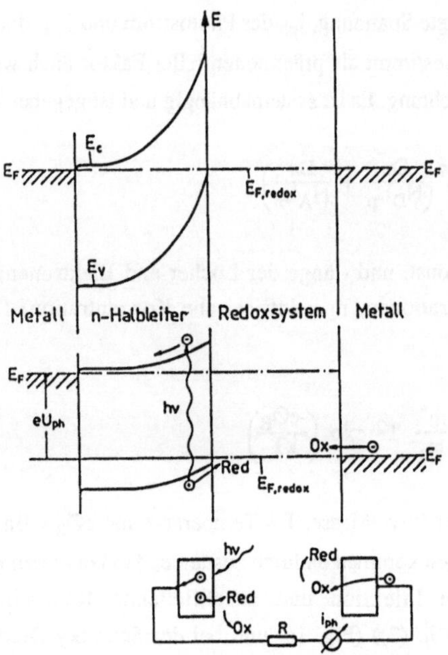

Fig. 2 Energie-Diagramm einer regenerativen elektrochemischen Solarzelle

Unter Kurzschlußbedingungen oder unter Belastung der Zelle erreichen die Elektronen die Gegenelektrode, wo sie für die Reduktion der oxidierten Form (Ox) des Redoxsystems verbraucht werden. Zusammenfassend haben wir folgende Reaktionen:

$$\text{Red} + H^+ \rightarrow \text{Ox} \quad \text{(an n-Elektrode)} \tag{5}$$

$$\text{Ox} + e^- \rightarrow \text{Red} \quad \text{(an Gegenelektrode)} \tag{6}$$

Unter der Voraussetzung, daß keine Nebenreaktionen ablaufen, handelt es sich um ein völlig regeneratives System.

Solch eine photoelektrochemische Zelle hat gewisse Ähnlichkeiten mit einer Schottky-Diode. Anstatt eines Metalles wirkt bei einer Halbleiter/Elektrolyt-Grenzfläche das Redoxsystem als Elektronendonator bzw. -acceptor. Auch das Strom-Spannungs-Verhalten ist das einer typischen Diode ähnlich, d.h. es wird quantitativ durch Gl. (1) beschrieben. Der präexponentielle Faktor $j_{o,x}$ ist allerdings nicht durch den Ladunstransfer im Halbleiter sondern durch die Oberflächenkinetik bestimmt. Wenn man – ähnlich wie bei einem n-Halbleiter-Metall-Kontakt (Schottky Barriere) – davon ausgeht, daß der Vorwärtsstrom durch einen Ladungstransfer vom Leitungsband zum Redoxsystem bestimmt ist, dann ergibt sich [4] :

$$j_{o,c} = e\, k_c^- \, C_{ox}\, n_o \exp\left(-\frac{e\Phi_{sc}^{o}}{kT}\right) \tag{7}$$

In dieser Gleichung sind k_c^- eine Geschwindigkeitskonstante, c_{ox} die Konzentration der oxidierten Form des Redoxsystems und $e\Phi_{sc}^{o}$ die Höhe der Bandaufwölbung im Gleichgewicht (Fig. 2). Wenn die Kinetik des Ladungstransfers sehr schnell ist, wird $j_{o,c} \rightarrow j_{o,s}$ (vergleiche mit Gl. (3)). Es gibt aber auch Beispiele, bei denen der Vorwärtsstrom durch Injektion von Minoritäten (Löcher im n-Halbleiter) bestimmt ist [4]. In diesem Falle ist $j_{o,x}$ durch Gl. (2) gegeben.

Entscheidend für einen Einsatz aller Typen von Photovoltaik-Zellen ist natürlich ihr Wirkungsgrad η. Der thermodynamisch höchstmögliche Wert hängt vom Bandabstand E_g des Halbleiters ab und hat sein Maximum bei etwa Eg = 1.3 eV (η = 28%) wie in Fig. 3 dargestellt ist [7].

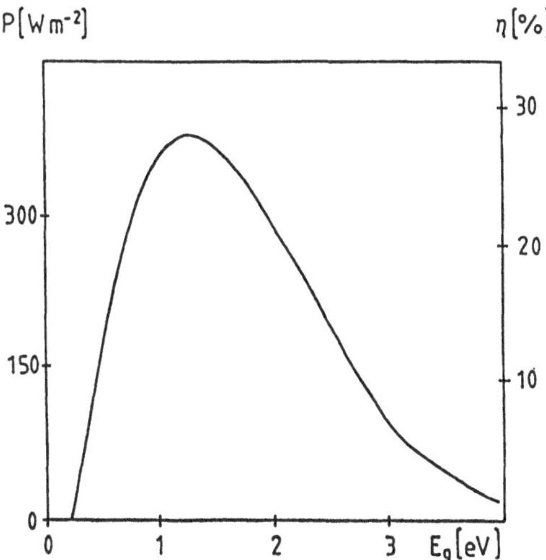

Fig. 3 Theoretischer Wirkungsgrad als Funktion des Bandabstandes

Es ist unabhängig von der Art der Zelle (pn-Übergang, Schottky-Diode, regenerative photoelektrochemische Zelle). Der höchste Wirkungsgrad von über 14% ist bisher für eine Zelle mit einer n -WSe_2 - Anode und I^-/I_3^- als Redoxsystem berichtet worden (Tab. 1).

Es sind eine ganze Reihe von photoelektrochemischen Zellen mit unterschiedlichen Halbleitern und Redoxsystemen untersucht worden. Die wesentlichen sind in Tab. 1 aufgelistet.

Tabelle 1. Photospannung U_{ph}, Photostrom i_{ph}, Fill Factor FF und Wirkungsgrad η von regenerativen elektrochemischen Solarzellen

Nr	Zelle	Eg [eV]	U_{fb}-U^{o}_{redox} [V]	Lösungs-mittel	U_{ph} [V]	i_{ph} [m Acm^{2-}]	FF	η %	Referenzen
1.	n-CdSe/($S^{2-}/^{2-}_{n}$)	1.7	0.8	NaOH	0.75	12	-	8	43
2.	n-Cd(Se,Te)/(S^{2-}/S^{2-}_{n})	1.7	0.8	H_2O	0.78	22	0.65	12.7	44
3.	n-GaAs/(S^{2-}/Se^{2-}_{n})	1.4	0.7	NaOH	0.65	20	-	12	45
4.	n-CdS(I^-/I_3^-)	2.5	1.0	CH_3CN	0.95	0.03	-	9.5	46
5.	n-$CuInSe_2$/(I^-/I_3^-)	1.01	-	H_2O	0.64	21	-	9.7	47
6.	n-$MoSe_2$/($I^-/_3$)	1.1	0.5	H_2O	0.55	9	-	-	48
7.	n-WSe_2/($I^-/_3^-$)	1.2	0.65	H_2O	0.63	28	-	>14	49
8.	n-FeS_2/(I^-/I_3^-)	0.95	-	H_2O	0.25	10	-	2.8	24
9.	n-WSe_2/($Fephen_3^{2+/3+}$)	1.2	0.95	H_2SO_4	0.65	10	-	-	50
10.	n-Si/(Br^-/Br_2)	1.1	1.0	H_2O	0.68	22	-	-	22
11.	n-Si/(Fc^+/Fc)(b)	1.1	-	CH_3OH	0.67	20	> 0.7(c)	>10(c)	23
12.	n-GaAs/(Fc^+/Fc)(b)	1.4	-	CH_3CN	0.7	20	-	11	23
13.	n-GaAs/(Cu^{1+}/Cu^{2+})	1.4	1.25	HCL	0.64	0.34	-	-	11
14.	p-InP/(V^{3+}/V^{2+})	1.3	0.9	HCL	0.65	25	0.64	11.5	51

(b) Fc = Ferrocen Derivate; (c) geschätzt

In einigen Fällen hat man ein ausgezeichnetes photoelektrisches Verhalten beobachtet, das am besten durch die Auftragung von Photostrom j_{ph} als Funktion der Photospannung U_{ph} dargestellt wird (Fig. 4).

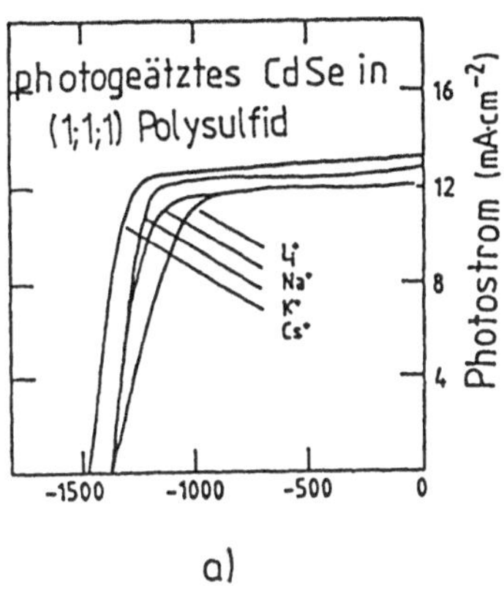

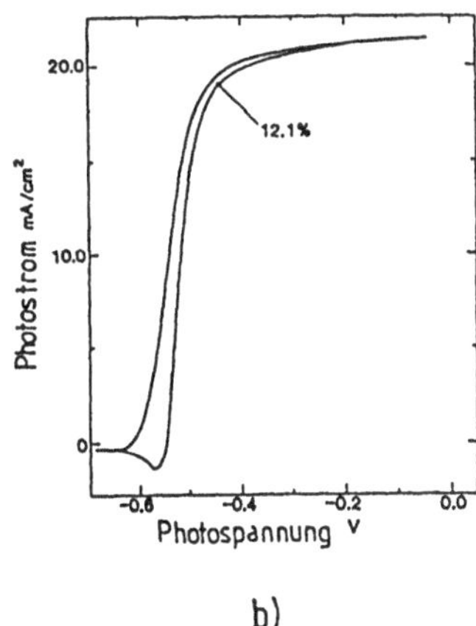

Fig. 4 Photostrom als Funktion der Photospannung
a) $CdSe/(S^{2-}/Sn^{2-})$ in H_2O [42]
b) n-Si/(Me^2Fe/Me^2Fc^{1+}) in Methanol [23]

Quantitativ wird dieses durch den sogenannten "Fill-Factor" beschrieben, der wie folgt definiert ist:

Die maximal mögliche Ausgangsleistung ist für eine gegebene Lichtintensität und Belastung:

$$P_{max} = j_{ph,max} \cdot U_{ph,max} \tag{7}$$

Der "Fill-Faktor" ist nun definiert durch

$$FF = \frac{j_{ph,max} \cdot U_{ph,\,max}}{j^{s}_{ph} \cdot U^{oc}_{ph}} \tag{8}$$

wobei j^{s}_{ph} der Photostrom bei großer Polarisation in Sperrichtung und U_{ph} die Photospannung im Leerlauf sind. Maximal möglich sind Werte um 0.75.

Die Frage stellt sich natürlich, ob man in der Praxis ähnliche Wirkungsgrade wie bei reinen Festkörperzellen erreichen kann. Dies hängt im wesentlichen von der Kinetik des Ladungstransfers an der Grenzfläche Halbleiter/Elektrolyt ab. Für einige Kombinationen von

Halbleitern und Redoxsystemen ist allerdings die Kinetik so schnell, daß das photoelektrische Verhalten nur noch durch die Eigenschaften des Halbleiters selbst bestimmt ist, wie es für die Systeme n-Si / (Ferrocen$^+$/Ferrocen) [8] und für n-GaAs / Cu^{2+}/Cu^{H}) [9] beobachtet worden ist. In diesen Fällen ist der Vorwärtsstrom durch die Injektion und Rekombination von Minoritätsträgern (Löchern) bestimmt, d.h. j_o in Gl. (1) ist gegeben durch Gl. (2), in der als wesentliche Größe die Diffusionslänge enthalten ist. Damit man große Photospannungen erreicht, muß nach Gl. (4) j_o möglichst klein und damit die Diffusionslänge groß sein, was im wesentlichen von der Qualität und Reinheit des Halbleitermaterials abhängt. Der Wirkungsgrad wird in diesen Fällen also allein durch die Halbleitereigenschaften vorgegeben und zwar - und das ist wichtig - in gleicher Weise wie bei pn-Dioden.

Ein Vorteil der photoelektrochemischen Photovoltaik -Zellen ist der, daß sie ohne Aufdampf - und Diffusionstechniken hergestellt werden können und daß im Prinzip viele Halbleitermaterialien eingesetzt werden können, ohne daß eine p-Dotierung möglich sein muß. Im Vergleich zu Schottky-Dioden ist es ein Vorteil, daß der Elektrolytkontakt kein Licht absorbiert. Andererseits können an der Grenzfläche Halbleiter/Elektrolyt insofern Probleme auftreten, daß die durch Licht erzeugten Löcher nicht für die Oxidation des Redoxsystems verbraucht werden, sondern für die anodische Auflösung des Halbleiters, was die Lebensdauer eines solchen Systems sehr einschränken würde. Zur Verhinderung der Korrosion können darum nur solche Redoxsysteme eingesetzt werden, mit denen ein schneller Ladungsaustausch erfolgt. Damit wird die Auswahl von Halbleitern und Redoxsystemen eingeschränkt. Auf die einzelnen thermodynamischen und kinetischen Bedingungen kann hier nicht im einzelnen eingegangen werden und es muß auf umfangreichere Review-Artikel verwiesen werden [1] , [4].

2) Erzeugung speicherbarer chemischer Brennstoffe

Die Anwendung von Halbleiter/Elektrolyt Systemen ist natürlich von besonderem Interesse für die Nutzung von Solarenergie zur direkten Erzeugung eines chemischen Brennstoffes. Wenn man auch zum Beispiel H_2O in Wasserstoff und Sauerstoff in einer Elektrolysezelle spalten kann, die durch eine Photovoltaikzelle betrieben wird, so ergeben sich in einer Zwei-Zellen Anordnung zusätzliche Verluste. Die Situation ist aber ganz anders für die Erzeugung anderer Brennstoffe wie z.B. Methanol und Ammoniak, die man nicht einfach in einer Elektrolysezelle erzeugen kann. Der Vorteil von Halbleiterelektroden ist der, daß durch Licht erzeugte Elektronen und Löcher in ihren jeweiligen Energiebändern ein großes Reduktions- bzw. Oxidationspotential besitzen, was entsprechende Reaktionsabläufe begünstigt.

A) Photoelektrolyse von H_2O

Die Photoelektrolyse von H_2O kann in einer ähnlichen Zelle erfolgen wie schon im letzten Kapitel beschrieben worden ist. Das Energieschema eines entsprechenden Systems, Halbleiter/H_2O/Gegenelektrode, ist in Fig. 5 dargestellt, im oberen Teil für eine n-Typ, unten für eine p-Typ Elektrode. Die zwei Elektroden, Halbleiter und Gegenelektrode sind außen kurzgeschlossen. In diesem System werden bei Verwendung eines n-Halbleiters die durch Licht erzeugten Löcher für die Oxidation von H_2O zu Sauerstoff verbraucht, während die Elektronen über den äußeren Draht zur Pt-Gegenelektrode gelangen, wo sie zur Wasserstoff-Produktion verbraucht werden. Man erkennt aus diesem Energieschema deutlich, daß diese Prozesse nur dann ablaufen können, wenn das Leitungsband oberhalb E^o (H_2O/H_2) und das Valenzband unterhalb E^o (H_2O/O_2) liegen. Diese energetischen Randbedingungen müssen bei der Auswahl von geeigneten Halbleitern berücksichtigt werden.

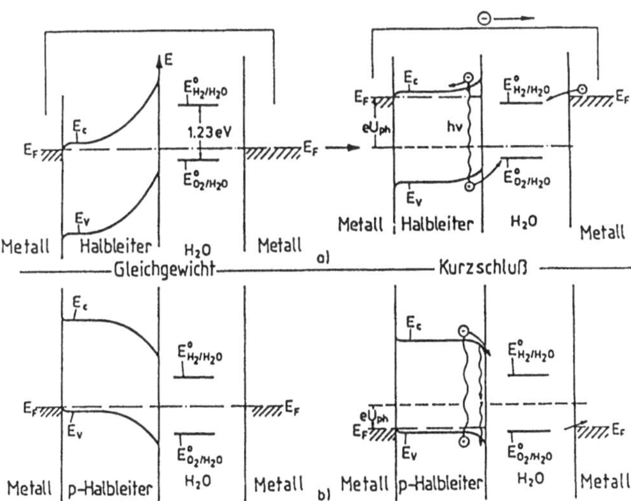

Fig. 5 Photospaltung von H_2O an n- und p-Elektroden (Energieschema)

Als weitere Bedingung ergibt sich aus Fig. 5, daß schon aus thermodynamischen Gründen eine H_2O-Photospaltung nur mit einem Halbleiter, dessen Bandlücke größer als 1.3 eV ist, möglich sein kann. Da die H_2- bzw. O_2-Bildung – je nach Elektrodenmaterial – nur unter einer Überspannung erfolgen kann, ist für diese Prozesse ein Halbleiter mit deutlich größerer

Bandlücke erforderlich. Die Wirkungsgrade sind auch hier thermodynamisch herleitbar und sind in Fig. 6 für verschiedene Überspannungen dargestellt. [10], [7], [11].

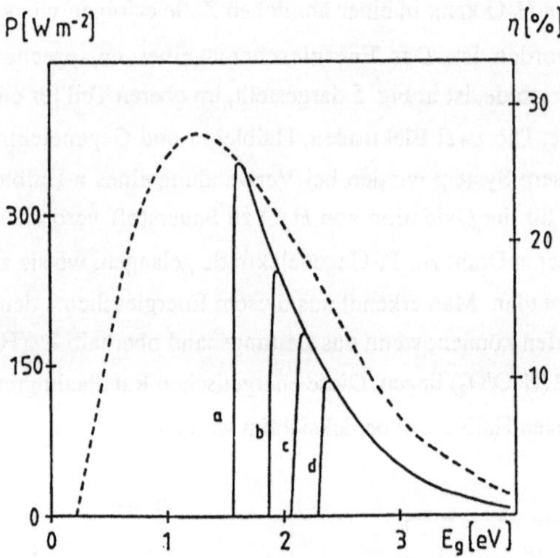

Fig. 6 Theoretischer Wirkungsgrad für die photoelektrochemische H_2O-Spaltung berechnet für verschiedene Überspannungen
a) 0V; b) 0.3V; c) 0.5V; d) 0.7V; [11]

Im Gegensatz zu den photoelektrochemischen Photovoltaik-Zellen, in denen ein Redoxsystem als Elektronen-Donator bzw. Acceptor benutzt wird, erfolgt der Ladungstransfer in einer Photoelektrolysezelle direkt mit dem H_2O. Folglich können hier nur von Natur aus stabile Halbleiterelektroden verwendet werden. Eine Reihe von oxidischen Halbleitern erfüllen neben den energetischen Kriterien auch die Stabilitätsbedingung. Allerdings weisen diese alle eine relativ große Bandlücke auf, so daß der Wirkungsgrad entsprechend klein ist. Beispiele sind TiO_2 (Eg = 3eV) [12] und verschiedene Titanate wie z.B. $SrTiO_3$ (Eg = 3.3 eV) [13].

Andere Oxide von genügender Stabilität erfüllen leider nicht die energetischen Bedingungen. An vielen Halbleitern kann man durchaus H_2 erzeugen; die Schwierigkeit liegt bei den anodischen Prozessen, d.h. anstatt O_2-Entwicklung erfolgt anodische Auflösung des Halbleiters. Der Grund für dieses Problem ist darauf zurückzuführen, daß die Oxidation von H_2O zu O_2 ein Vierelektronenschritt ist. Es wurden viele Versuche unternommen, um durch verschiedene katalytische Maßnahmen die O_2-Bildung zu beschleunigen, auf die im folgenden kurz eingegangen werden soll.

Als Katalysatoren hat man im wesentlichen Schichten von Edelmetallen oder Oxide, von denen man ihre katalytische Wirkung bezüglich H_2 - bzw. O_2-Bildung kennt, aufgebracht. Beispiele sind Pt, Ru, Rh, RuO_2 und Rh_2O_3 auf Halbleitern wie CdS [14] - [16], TiO_2 [17] - [19], $SrTiO_3$ [20] und WO_3 [21]. Meistens wurden beim Abscheiden Cluster verschiedener Größe auf der Halbleiteroberfläche gebildet. Dadurch entsteht eine neue Grenzfläche Halbleiter/Metall, die meistens zur Bildung einer Schottky-Barriere führt und somit selbst eine Photozelle darstellt. Man hat also eigentlich eine Festkörperzelle erzeugt, deren Hälften beide im Kontakt zum Elektrolyten stehen. An welcher Seite, d.h. freie Halbleiteroberfläche oder Katalysator, nun H_2 und O_2 entstehen, hängt von den Barrierenhöhen am Halbleiter/Elektrolyt und Halbleiter/Metall Kontakt ab. Hieraus wird deutlich, daß es sich nicht um einen klassischen Katalysatoreffekt handelt. Dieses hat häufig zu Fehleinschätzungen bezüglich der katalytischen Möglichkeiten geführt. Diese Problematik ist an anderer Stelle eingehend diskutiert worden [4] , [10]. Es ist noch offen, ob mit extrem kleinen Metallclustern (d.h. < 5nm) eine echte katalytische Wirkung erreicht werden kann, wie es von einigen Autoren angenommen wird [22] [23].

Eine andere Möglichkeit, eine katalytische Aktivität zu erreichen, ist die Verwendung von Elektrodenmaterialien, deren Oberfläche selbst katalytische Eigenschaften besitzt. Eine entsprechende Strategie wird von der Arbeitsgruppe Tributsch verfolgt. Erste Erfolge wurden mit sogenannten Clusterverbindungen erzielt [24]. Ihre katalytischen Eigenschaften für Multi-Elektronenschritte beruht wahrscheinlich auf ihrer Struktur insofern, daß zwei Übergangsmetallatome unmittelbar benachbart sind. Ähnliche Erfahrungen hat man mit bi- und trinuklearen Ru-Komplexen, mit denen H_2O oxidiert werden kann, gemacht [25].

Ein ganz anderer Weg zur photolytischen H_2O-Spaltung ist die Verwendung von sogenannten Relay-Molekülen (Redox-System). Diese Methode hat den Vorteil, daß z.B. durch einen Löchertransfer ein Redoxsystem oxidiert wird, das wiederum in Gegenwart eines Katalysators in der Lösung H_2O zu O_2 oxidieren kann. Dies wurde an $MoSe_2$-Elektroden unter Verwendung von $Ru(bipy)_3^{2+}$ als Relay gezeigt [26] , [10].

3) Mikroheterogene Systeme

Häufig hat man auch Halbleitersuspensionen oder kolloidale Lösungen anstatt ausgedehnter Halbleiterelektroden für die Erzeugung von chemischen Brennstoffen und zur Detoxifizierung von Abwässern benutzt. Der Hauptvorteil ist die große Oberfläche, die für entsprechende Prozesse zur Verfügung steht. Diese kleinen Teilchen werden als Mikroelektroden oder als Großmoleküle beschrieben. Im Prinzip sollten aber die gleichen Reaktionen wie bei ausgedehnten Elektroden ablaufen. Faßt man die Teilchen als Mikroelektroden auf, so können alle Prozesse nur beim Ruhepotential im Dunkeln oder bei Belichtung ablaufen. Im Gegensatz zu großen Elektroden kann man sie nicht polarisieren, was die Untersuchung der Teilprozesse erschwert. Dies wird deutlich an typischen Strom-Spannungs-Kennlinien wie man sie bei großen Elektroden findet (Fig. 7).

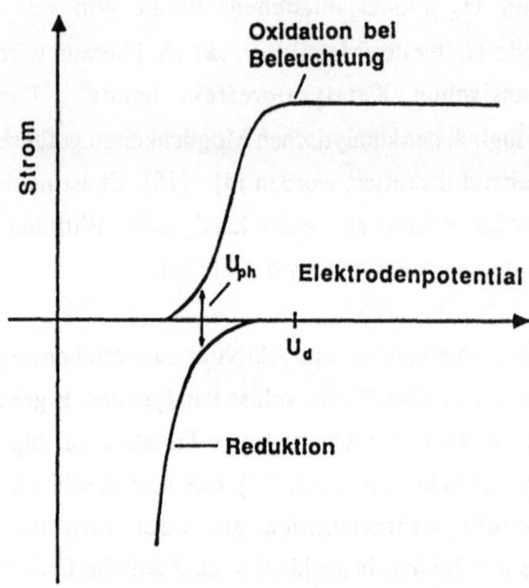

Fig. 7 Potentialabhängigkeit der anodischen und kathodischen Teilströme an einer n-Halbleiterelektrode (schematisch)

Bei Belichtung nimmt eine Elektrode und somit auch eine Mikroelektrode ein Potential (U_{ph}) ein, bei dem der anodische Photostrom und der kathodische Dunkelstrom gleich sind. Die Teilströme sind bei diesem Potential häufig klein, da die Rekombination der erzeugten Elektron-Loch Paare beträchtlich sein kann.

An jedem Teilchen muß, um Elektroneutralität zu wahren, ein Elektronen- und ein Löchertransfer stattfinden. Auch hier wurden meistens Katalysatoren verwendet, wenn auch häufig unklar ist, welche Reaktionen an der Halbleiteroberfläche und welche am Katalysator ablaufen. Dieses läßt sich nur durch Untersuchungen an räumlich fixierten Teilchen (z.B. Monokorn-Membranen, siehe H_2S-Spaltung) oder an Elektroden des gleichen Materials feststellen. Wie schon erwähnt wurde, sollten an Teilchen und Elektroden im Prinzip die gleichen Reaktionen ablaufen. Da aber z.B. Katalysator und freie Halbleiteroberfläche bei einem Teilchen unmittelbar nebeneinanderliegen, können manchmal andere Produkte als bei Elektroden auftreten. Ein Beispiel ist die Photo-Kolbe Reaktion, die an Pt-belandenen TiO_2-Teilchen und an TiO_2-Elektroden untersucht worden sind [27]. An der TiO_2-Elektrode ergaben sich folgende Reaktionen:

$$2CH_3COOH + 2\,h^+ \rightarrow 2CH_3^{\cdot} + 2CO_2 + 2H^+ \qquad (9a)$$

$$2CH_3^{\cdot} \rightarrow C_2H_6 \qquad (9b)$$

während an der Gegenelektrode (Pt) die Reaktion

$$2H^+ + 2\,e^- \rightarrow H_2 \qquad (10)$$

ablief. An TiO_2/Pt - Teilchen erhielt man nicht Ethan, sondern Methan als Produkt, was durch folgende Reaktionen erklärt wurde:

$$CH_3COOH + h^+ \rightarrow CH_3^{\cdot} + CO_2 + H^+ \qquad (11)$$

an der freien TiO_2 - Oberfläche und

$$H^+ + e^- \rightarrow H_{ad} \qquad (12)$$

an den Pt-Clustern. Da beide Flächen benachbart sind, kann die Reaktion

$$CH_3^{\cdot} + H_{ad} \rightarrow CH_4 \qquad (13)$$

ablaufen.

4) Photoelektrolyse von H_2S

Im Gegensatz zur H_2O-Spaltung ist die photolytische Spaltung von H_2S durch Licht im sichtbarem Spektralbereich sehr viel einfacher, weil die Oxidation von S^{2-} - Ionen sehr gut mit der anodischen Auflösung konkurrieren kann. Dieser Prozess wurde sowohl an CdS-Einkristallen [28] sowie auch in Suspensionen von CdS, wohin die Teilchen mit RuO_2 [29] oder Pt [30] beladen waren, realisiert. Ursprünglich hatte man vermutet, daß RuO_2 als Katalysator hauptsächlich die Oxidation von S^{2-} beschleunigt [29]. Untersuchungen an CdS-Monokorn Membranen haben später aber gezeigt, daß nicht der Löchertransfer durch das

RuO_2 katalysiert wird, sondern daß die H_2-Entwicklng am RuO_2 erfolgt [16]. Bei diesen Monokorn-Membranen handelt es sich um Polyurethan-Folien, in die CdS-Teilchen so eingebettet sind, daß jedes Teilchen auf beiden Seiten der Folie herausschaut und im Kontakt mit den jeweiligen Lösungen steht. Damit hat man auch die Möglichkeit, gezielt auf eine der beiden Seiten einen Katalysator aufzubringen, wie es in Fig. 8b dargestellt ist.

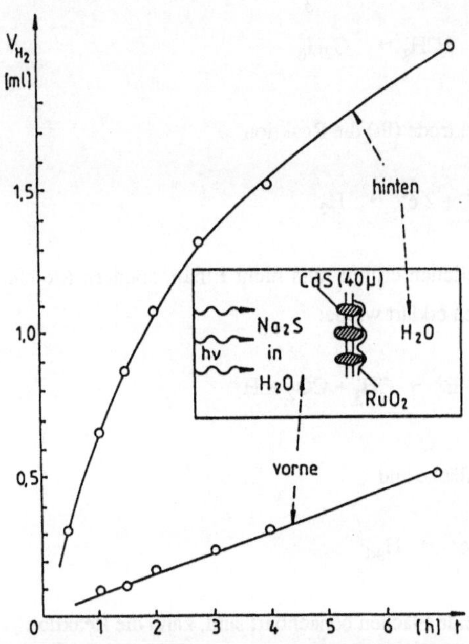

Fig. 8 a) H_2-Volumen, gebildet durch Photospaltung von H_2S an CdS Monokorn-Membranen, als Funktion der Belichtungszeit ; b) Membranstruktur

Der Grund, daß H_2 auf der RuO_2- bzw. Pt-Seite gebildet wird, liegt darin, daß eine Schottky-Diode zwischen CdS und RuO_2 besteht, deren Energiebarriere kleiner ist als die der freien Oberfläche. Dadurch können die durch Licht erzeugten Elektronen leichter zum RuO_2 transferriert werden, somit hat man folgende Reaktionen:

$$2\,H_2O + 2e^- \rightarrow H_2 + 2OH^- \quad \text{am } RuO_2 \tag{14}$$

$$S^{2-} + 2h^+ \rightarrow S^o \quad \text{an freier Oberfläche} \tag{15}$$

Im Falle der Monokornmembranen wurde eine Quantenausbeute von rund 30% erreicht (siehe auch Fig. 8).

Es sollte hier noch erwähnt werden, daß für die photolytische H_2S-Spaltung auch andere Membranen verwendet worden sind. Hierbei handelt es sich um dicke Nafion-Membranen. Für die H_2-Entwicklung sind aber eine Relaysubstanz wie Methylviologen (MV^{2+}) und ein Katalysator notwendig, wobei letzterer die Reaktion zwischen MV^{1+} und Protonen beschleunigt [31].

5) Photoelektrolyse von Halogeniden

An allen vier Halogeniden, I^-, Br^-, Cl^- und F^- hat man Photoelektrolyse an Halbleitern beobachtet. Im Falle von HI hat man Zellen verwendet, die aus einer p-InP - und einer Pt-Elektrode bestanden, die über einen äußereren Kreis kurzgeschlossen waren. Die höchsten Ausbeuten hat man mit InP-Elektroden erreicht, die mit einer dünnen Schicht Rhodium (Katalysator) bedeckt waren [32].

Die Photoelektrolyse von HBr wurde mit Systemen von kleinen Si pn-Übergängen erreicht [33]. Die über 2 hintereinandergeschaltete pn-Kontakte erzeugte Photospannung reicht aus, um HBr in H_2 und Br_2 zu spalten. Bei diesem System handelt es sich eigentlich um eine Festkörperzelle, die in dem photoelektrochemischen System integriert ist.

In jüngerer Zeit ist es auch gelungen, Chlor und Fluor aus HCl bzw. HF durch Photoelektrolyse an TiO_2-Elektroden zu erzeugen [34] , [35]. Erstaunlicherweise konnten entsprechende Reaktionen nicht an reinem TiO_2 sondern nur an $TiO_{2-x}F_x$-Elektroden beobachtet werden. Die Ursache für dieses unterschiedliche Verhalten ist nicht geklärt.

Die photoelektrochemische Produktion von I_2 und Br_2 ist von Interesse, weil diese Substanzen leicht gespeichert werden können, um dann in einer Brennstoffzelle zur Elektrizitätserzeugung eingesetzt zu werden. Die Erzeugung von Cl_2 könnte gerade in Entwicklungsländern interessant sein, um auf einfache Art ein Desinfektionsmittel zu erhalten.

6) Photoreduktion von CO_2

Aus CO_2 einen brauchbaren Brennstoff wie Methanol oder Methan zu erzeugen ist eine sehr schwierige Aufgabe, da für die Reduktion zu Methanól 6 Elektronen und zu CH_4 sogar 8 erforderlich sind. Eine andere Schwierigkeit ist die, daß relativ hochenergetische

Zwischenprodukte entstehen [4]. Darum hat man bei vielen Versuchen nur CO oder HCOOH als Endprodukte erhalten. Aufgrund dieser Probleme sind bisher auch nur geringe Erfolge erzielt worden. In diesem Zusammenhang sind besonders Untersuchungen an GaAs-Elektroden von Interesse. Hier hat man eine selektive Reduktion von CO_2 zu CH_3OH bei kathodischer Polarisation beobachtet und Stromausbeuten bis zu 100% erreicht [36]. Es ist besonders darauf hinzuweisen, daß dieses Ergebnis nur mit einfach destilliertem H_2O und mit nicht sonderlich reinen Salzen erhalten wurden, während bei Verwendung von reinsten Chemikalien kein Alkohol erzeugt wurde. Dieses erstaunliche Ergebnis mag darauf zurückzuführen sein, daß Spuren von Metall-Verunreinigung auf der GaAs-Oberfläche abgeschieden werden und dort die CH_3OH-Bildung katalysieren. Frese und Canfield haben folgenden Mechanismus vorgeschlagen [36]:

$$nH^+ + ne^- \rightarrow nH_{ad} \qquad (16)$$

$$CO_2 + e^- + H^+ \rightarrow \cdot COOH_{ad} \qquad (17)$$

$$H_{ad} + \cdot COOH_{ad} \rightarrow I \rightarrow CH_3OH \qquad (18)$$

wobei I unbekannte Zwischenprodukte sind.

Im Zusammenhang mit den oben erwähnten Verunreinigungn soll noch darauf hingewiesen werden, daß unter bestimmten Bedingungen an Kupferelektroden bei kathodischer Polarisation neben H_2 auch CH_4 entsteht [37]. Auch Ruthenium scheint - wie photochemische Untersuchungen zur CO_2-Reduktion (CH_4-Bildung) gezeigt haben - eine besondere Rolle als Katalysator zu spielen [38]. Die einzelnen Prozesse sind aber noch nicht aufgeklärt und bedürfen noch genauerer Untersuchungen.

7) Photoelektrochemische Erzeugung von NH_3

Die photolytische Reduktion von N_2 an TiO_2-Suspensionen wurde zuerst von Schrauzer u.a. berichtet [39]. Es wurden allerdings nur sehr kleine Mengen von NH_3 und N_2H_4 erhalten. Sehr kleine Mengen von NH_3 sind auch an belichteten p-GaP Elektroden erzeugt worden [40]. Deutlich größere Mengen von NH_3 erhält man dagegen, wenn man nicht von N_2 sondern von NO_2-Lösungen ausgeht, wie Untersuchungen an CdS- und TiO_2-Partikeln gezeigt haben [41].

Andere Anwendungen

In dem vorliegenden Artikel wurden die Prinzipien der Umwandlung von Solarenergie in elektrische und chemische Energie und die Arbeitsweise einzelner photoelektrochemischer Zellen beschrieben. Die Forschung auf dem Gebiet der Elektrochemie hat aber auch zur Lösung anderer Probleme geführt. Eines der wichtigsten Gebiete ist das des photoelektrochemischen bzw. photokatalytischen Abbaus von organischen und anorganischen Umweltgiften. In den letzten Jahren ist vor allem der Abbau von höchsttoxischem Halogenkohlenwasserstoffen untersucht worden. Darauf soll hier nicht weiter eingegangen werden, da C. Kormann in seinem Artikel die entsprechenden Reaktionen und Verfahren beschreibt [52].

Ein anderer Forschungsbereich ist das Gebiet der lichtinduzierten chemischen Reaktionen. Insbesondere hat man Suspensionen von Halbleiterpartikeln (hauptsächlich TiO_2) für die selektive Photooxidation von organischen Molekülen oder funktionellen Gruppen verwendet. Der Vorteil dieser Methode gegenüber rein chemischen oder konventionellen elektrochemischen Verfahren ist vielfältiger Art und zwar in Hinsicht auf die Beschränkung auf Ein-Elektronenschritte, auf die Kontrolle der Umgebung, in der ein Radikal erzeugt wird, und bezüglich bevorzugter Adsorptionseffekte. Diese Bedingungen ermöglichen damit auch andern Reaktionswege, wie sie besonders von M. A. Fox untersucht worden sind [53], [54].

Ein technologisch ganz wichtiges Gebiet ist das Photoätzen von Halbleiterstrukturen [55]. Es ist heute möglich, auf Basis der Erkenntnisse über das elektrochemische und photoelektrochemische Verhalten von Halbleitern, ganz gezielt die entsprechenden Ätzlösungen auszuwählen und für die entsprechenden Ätzprozesse einzusetzen. Außerdem lassen sich photoelektrochemische Prozesse für eine stromlose lichtinduzierte Metallabscheidung (photo plating) nutzen. Dieses Verfahren ermöglicht im Prinzip zum Beispiel die Erzeugung sehr feiner Leiterbahnen auf Halbleiter-Chips. Es ist aber für eine industrielle Anwendung noch nicht genügend entwickelt und ist Gegenstand weiterer Forschungsarbeiten [55].

LITERATUR

1. Gerischer, H.: in "Solar Energy Conversion", Topics in Appl. Phys., Vol. 31, Seraphin, B. O., ed., Springer Verlag, Berlin, 1979, 115
2. Tribusch, H.: in Sol. Energy Mat., Structure and Bonding, (Clarke, M. J. et al. eds.), Vol. 49, Springer Verlag, Berlin, 1982, 127
3. Grätzel, M.: in Sol. Energy. Mat., Structure and Bonding, (Clarke, M. J. et al. eds.), Vol. 49, Springer Verlag, Berlin, 1982, 37
4. Memming, R., Topics in Current Chemistry, Vol. 143, Springer Verlag, Berlin, 1987, 81
5. Bard, A. J., Ber. Bunsenges. 92, 1187, 1988
6. Sze, S. M., Physics of Semiconductor Devices, 2nd Ed., John Wiley, New York, 1981
7. Bolton, J. R., Haught, A. F. ; Ross, R. T. in Photochemical Conversion and Storage of Solar Energy (Connolly, J. S., ed.), Academic Press, 1980, chap. 11
8. Abrahams, J. L., Casagrande, L. G., Rosenblum, M. D., Rosenbluth, M. L., Santangelo, P. G., Tufts, B. J. and Lewis, N. S., Nouv. J. Chim. 11, 157, 1987
9. Reineke, R. and Memming, R., J. Phys. Chem., submitted
10. Memming, R., in Photochemistry and Photophysics, CRC Press Inc., New York, in press
11. Reineke R., Dissertation Univ. Hamburg, 1988
12. Fujishima, A. and Honda, K., Nature 238, 37, 1972
13. Mavroides, J. G., Kafalos, J. A. and Kolesar, D. F., Appl. Phys. Lett. 28, 241, 1976
14. Kalyanassundaram, K., Borgarello and E., Grätzel, M., Helv. Chim. Acta 64, 362, 1981
15. Darwent J. R. and Porter, G., J. Chem. Soc. Chem. Comm. 145, 1981
16. Meissner, D., Memming, R. and Kastening, B., Chem. Phys. Lett. 96, 34, 1983

17. Sato, S. and White, J. M., ibid. 72, 83, 1982

18. Kawai, T. and Sakata, T., ibid. 72, 87, 1982

19. Duonghong, D., Borgarello, E. and Grätzel, M., J. Am. Chem. Soc. 103, 6324, 1981

20. Lehn, J. M., Savage, J. P. and Ziessel, R., Nouv. J. Chim. 4, 623, 1980; 5, 291, 1981

21. Erbs, W., Desilvstro, J., Borgarello, E. and Grätzel, M., J. Phys. Chem. 88, 4001, 1984

22. Tsubomura, H. and Nakato, Y., Nouv. J. Chim. 11, 167, 1987

23. Rosenbluth, M. and Lewis, N. S., J. Am. Chem. Soc. 108, 4689, 1986

24. H. Tributsch, in New York Trends and Applications of Photocatalysis and Photoelctrochemistry for Environmental Problems (Schiavello, M., ed.), D. Reidel Publish. Comp., Dordrecht (Holland), 1988, 297

25. Ramaraj, R., Kira, A. and Kaneko, M., Ang. Chemie 98, 824, 1986, 98, 1012, 1986

26. Sinn, Ch., Dissertation Univ. Hamburg 1989

27. Kraeutler, B. and Bard, A. J., J. Am. Chem. Soc. 99, 7729, 1977

28. Nozik, A. J., Appl. Phys. Lett. 30, 567, 1977

29. Borgarello, E., Kalyanasundaram, K. and Grätzel, M., Helv. Chim. Acta 65, 243, 1982

30. Matsumura, M., Saho, Y. and Tsubomura, H., J. Phys. Chem. 87, 3807, 1983

31. Mau, A. W., Huang, Ch., Kakuta, N., Bard, A. J., Campion, F., Fox, M. A., White J. R. and Webber, S. E., J. Am. Chem. Soc. 106, 6537, 1984

32. Levy-Clement, C., Heller, A., Bonner, W. A. and Parkinson, B. A. ,J. Electrochem. Soc. 129, 1701, 1982

33. Johnson, E. L. in Electrochemistry in Industry (Landan, V., Yeager, E., Kortan, D., eds.), Plenum Press, New York, 1982, 299

34. Mallouk, T. and Bard, A. J., plenary lecture at the Int. Conf. on Photochemical Conversion and Storage of Solar Energy, Evanston, Jll. (USA), 1988

35. Mallouk, T. E. and Weng, F. E., Meeting Electrochem. Soc., Los Angeles, Abstr. 349, 1989

36. Frese, K. W. and Canfield, D., J. Electrochem. Soc. 130, 1772, 1983, 131, 2518, 1984

37. Frese, K. W., Kim, J. J. and Summers, D. P. in Photoelectrochemistry and Electrosynthesis on Semiconducting Materials, Proc. Vol. 88-14 (Ginley, D. S., Nozik, A., Armstrong, N., Honda, K., Fujishima, A. and Sakata, T., eds.), Electrochemical Society, Princeton (USA), 1988, 122

38. Maidan, R. and Willner, I., J. Am. Chem. Soc. 108, 8100, 1986

39. Schrauzer, G. N. and Guth, T. D., J. Am. Chem. Soc. 99, 7189, 1977

40. Grayer, S. and Halman, M., J. Electroanal. Chem. 170, 363, 1984

41. Ogura, K. and Takagi, M., J. Electroanal. Chem. 183, 277, 1985

42. Licht, S., Tenne, R., Flaisher, H. and Manassen, J., J. Electrochem. Soc. 133, 52, 1986

43. Heller, A., Schwartz, G. P., Vadimsky, R. G., Menezes, S. and Miller, B., J. Electrochem. Soc. 125, 1156, 1978

44. Licht, S., Tenne, R., Dagan, G., Hodes, G., Manassen, J., Triboulet, R., Rioux, J. and Levy-Clement, C., Appl. Phys. Lett 46, 608, 1985

45. Chang, K. C., Heller, A., Schwartz, B., Menezes, A. and Miller, B., Science 196, 1097, 1977

46. Nakatani, K., Matsudaira, S. and Tsubomura, H., ibid. 125, 406, 1978

47. Cahen, D. and Chen, Y. W., Appl. Phys. Lett. 45, 746, 1984

48. Gobrecht, J., Gerischer, H. and Tributsch, H., J. Electrochem. Soc. 125, 2085, 1978

49. Tenne, R. and Wold, A., Appl. Phys. Lett. 47, 707, 1985

50. Sinn, Ch., Kastening, B. and Memming, R., Ber. Bunsenges., submitted

51. Heller, A., Miller, B. and Thiel, F., Appl. Phys. Lett. 38, 282, 1981

52. Kormann, C., diese Ausgabe

53. Fox, M. A., in Topics in Organic Chemistry (Fry, A. J., Britton, W. E. eds.), Plenum Press, New York, 177, 1986

54. Fox, M. A. in Topies in Current Chemistry, Vol. 143, (Steckhan ed.), Springer Verlag, Berlin, 72, 1987

55. Lauermann, I., Meissner, D. und Memming, R., Photoelectrochemistry and Electrosynthesis on Semiconducting Materials, Proc. Electrochem. Soc. 88-14, 190, 1988

Energiespeicherung in chemischer Form

A. Ritter

Max-Planck-Institut für Strahlenchemie, Mülheim a.d. Ruhr

Einleitung: Die Einsicht, daß es an der Zeit ist, nach einem Ersatz für die einmal zu Ende gehenden fossilen Energieträger wie Kohle, Erdöl und Erdgas zu suchen, ist keineswegs so neu, wie dies aufgrund des Bewußtseinswandels in Fragen der Energienutzung scheinen mag.

Giacomo Ciamician - der Begründer der modernen wissenschaftlichen Photochemie - hat hierzu schon um die letzte Jahrhundertwende Gedanken geäußert, welche bis heute nichts an Aktualität verloren haben. Eine Passage aus einem Vortrag [1], den er 1912 in New York gehalten hat, belegt dies:

Die moderne Zivilisation ist die Tochter der Kohle, denn diese bietet der Menschheit Sonnenenergie in ihrer konzentriertesten Form an, d. h. in einer Form in welcher diese in einer langen Folge von Jahrhunderten gespeichert worden ist. Der moderne Mensch benutzt sie mit steigender Begierde und gedankenloser Verschwendungssucht für die Eroberung der Welt. Wie das mythische Gold des Rheins, so ist die Kohle heute die größte Quelle für Energie und Wohlstand. Ist fossil gespeicherte Sonnenenergie die einzige Energie, welche in unserer modernen Zivilisation von Nutzen ist? Das ist die Frage.

Für unsere Zwecke besteht das Grundproblem aus technischer Sicht in der Frage, wie man Sonnenenergie in Form zweckdienlicher, photochemischer Reaktionen speichern kann. Um dieses zu machen, wäre es ausreichend, den pflanzlichen Assimilationsprozeß zu imitieren. Bekanntlich wandeln Pflanzen das Kohlendioxid der Atmosphäre unter Freisetzung von Sauerstoff in Stärke um. Sie kehren den gewöhnlichen Verbrennungsprozeß um. Könnte dies mit passenden Änderungen jetzt nicht auch im tropischen Hochland gemacht werden? Unter Verwendung geeigneter Katalysatoren sollte es möglich sein, eine Mìschung von Wasser und Kohlendioxid in Sauerstoff und Methan umzuwandeln oder andere endoenergetische Prozesse ablaufen zu lassen. Die Wüstenregionen der Tropen, wo die Boden- und Klimabedingungen eine normale Ernte unmöglich machen, müßte man für die Sonnenenergie - welche sie übers ganze Jahr in reichem Mass erhalten - empfänglich machen. Dies hätte in einem Maße zu erfolgen, daß die dort gewonnene Energie Millionen von Tonnen Kohle äquivalent wäre. Die tropischen Länder würden so von der Zivilisation erobert werden, welche auf diese Weise an ihren Geburtsort zurückkehren würde.

Die Photochemie der Zukunft sollte jedoch nicht in eine ferne Zeit verschoben werden. Ich glaube, daß die Industrie gut beraten wäre, von diesem Tage an alle Energien zu nutzen, welche die Natur zur Verfügung stellt. Bis jetzt hat die menschliche Zivilisation fast ausschließlich nur von fossiler Sonnenenergie Gebrauch gemacht. Wäre es nicht vorteilhaft, besseren Nutzen aus der Strahlungsenergie zu ziehen?

Die Zukunftserwartungen, gemessen am Ist-Zustand:

Die Speicherung von Energie in chemischer Form, wie sie die Natur seit Jahrmillionen durch den Photosyntheseprozeß und die darauf folgenden chemischen Langzeitumwandlungen der primären Biomasse praktiziert, hat zu Energiespeichermaterialien wie Kohle, Erdöl und Erdgas mit hoher Energiedichte, hoher Exergie und unbeschränkter Lagerfähigkeit geführt. Ihr praktischer Gebrauch bietet einen Handhabungskomfort - wie z.B. die vollautomatische Hausheizung oder die Autofahrt mit einer Reichweite von 500 km und mehr mit einer Tankfüllung - an den wir uns schon lange gewöhnt haben.

Zur leichten Handhabung unserer Energieträger - hier vor allem Erdöl und Erdgas - gehört neben deren Aggregatzustand vor allem ihre hohe Energiedichte. Wir müssen uns jedoch bei der gewohnten Energiedichtedefinition mit ihrer ausschließlichen Bezugnahme auf den Energieinhalt des Energieträgers unter Außerachtlassung des Gewichtes bzw. des Volumens der Endprodukte der Verbrennung fragen, ob dies nicht zu einer Selbsttäuschung mit unangenehmen Konsequenzen führt.

Energiedichte, aus zwei Blickrichtungen betrachtet:
Die hohe Energiedichte unserer derzeitigen Energieträger resultiert neben der Reaktionsenthalpie aus der Verfahrensweise der Energiefreisetzung in einem offenen System unter Zuhilfenahme von Luftsauerstoff und der Entlassung der Verbrennungsprodukte in die Atmosphäre. Diese seit der Entdeckung des Feuers praktizierte Verfahrensweise ist zwar für den Nutzer zunächst angenehm, führt aber zu den Problemen, die uns jetzt und in Zukunft zu schaffen machen (CO_2-Anstieg in der Atmosphäre und deren Beladung mit Schadgasen wie SO_2, NO_x etc.).

Wenn wir den Verbrennungsprozeß reversibel gestalten könnten und ihn in einem geschlossenen System ausführten, wäre beispielsweise die Energiedichte von Kohlenstoff nicht mehr mit 9,3 kWh/kg sondern nur noch mit ca. 2,5 kWh/kg zu beziffern. Diese Energiedichteverminderung resultiert aus der Verlagerung des Bezugssystems auf das energetisch entwertete Folgeprodukt der Kohlenstoffverbrennung – das Kohlendioxid – welches um den Faktor 3,66 schwerer ist als Kohlenstoff. Noch viel gravierender wäre das Ergebnis, würde man die volumetrische Energiedichte in Ansatz bringen. 1 Mol CO_2, welches bei der Verbrennung von 12 g Kohlenstoff entsteht, hat immerhin ein Volumen von 22,4 l bei Normaldruck.

Diesen Sachverhalt muß man in Betracht ziehen, wenn der Bezug zu den Energiedichten reversibler chemischer Systeme hergestellt wird, welche als Ersatz für fossil gespeicherte Solarenergie dienen sollen. Von Ausnahmen abgesehen, können derlei Reaktionen nur im geschlossenen System ausgeführt werden. Dies ist der Preis für eine Energietechnologie, welche Schadstoffe bereits am Entstehungsort zurückhält und das CO_2–Problem erst gar nicht aufkommen läßt. Wenn wir diesen Weg beschreiten, werden wir bei den Energieträgern der Zukunft Abstriche vor allem bei deren Energiedichte machen müssen. Eine diesbezügliche Reduktion bis ca. um den Faktor 10 wird die Regel sein. Nach dem derzeitigen Entwicklungsstand haben vornehmlich Gas/Festkörperreaktionen und reine Gasphasenreaktionen Aussichten auf technische Realisierung.

Die grundsätzlichen Verfahren zur Solarenergiespeicherung in chemischer Form:

Die hohe Exergie der solaren Strahlung kann sowohl zur Auslösung thermochemischer als auch photochemischer Reaktionen genutzt werden. Bei der thermochemischen Verfahrensvariante muß die konzentrierte Solarstrahlung an einer Absorberfläche (Solar–Receiver) in hochgrädige thermische Energie umgewandelt werden, ehe sie als Antriebsenergie für die chemische Speicherreaktion Verwendung finden kann. Im Gegensatz dazu verlaufen photochemische Reaktionen im direkten Sonnenlicht, welches in der Regel nicht konzentriert wird.

Der Vorteil thermochemischer Verfahren im Hinblick auf die Nutzung von Sonnenenergie ist vor allem in der Wellenlängenunabhängigkeit der nutzbaren Strahlung begründet. An einer schwarzen Fläche – wie sie ein Solar–Receiver darstellt – wird die Energie des gesamten solaren Spektrums in Nutzwärme umgewandelt und es ist lediglich durch zweckdienliche Konstruktion der Empfängerfläche (z.B. Hohlraum–Receiver) dafür zu sorgen, daß diese mit möglichst geringen Verlusten an das Speichermedium weitergegeben wird. Einschränkend bezüglich der Verwertbarkeit der solaren Strahlung muß jedoch in Kauf genommen werden, daß hier nur parallel gerichtete und damit konzentrierbare Strahlung als Antriebsenergie brauchbar ist. Folglich wird man Reak–

tionen dieser Art vorrangig in sonnenreichen Ländern mit geringer atmosphärischer Streu–Strahlung ablaufen lassen.

Im Gegensatz dazu sind photochemische Reaktionen sehr wellenlängenselektiv und können nur die energiereicheren Strahlungsanteile (UV– und sichtbare Strahlung) im Sonnenspektrum nutzen. Dieser gravierende Nachteil wird auch durch die hier gegebene Richtungsunabhängigkeit der verwertbaren Strahlung nur sehr bedingt wieder aufgewogen. Vorteilhaft ist hingegen der Fortfall jeglicher thermischer Isolierung der Reaktionsgefäße, da photochemische Reaktionen in der überwiegenden Zahl bei Raumtemperatur ablaufen. Zum Verständnis des photochemischen Speicherprozesses sei noch angemerkt, daß hier nur die Ladung des Speichermaterials mit Energie nach den Kriterien einer photochemischen Reaktion verläuft, nicht hingegen die Speicherentladung. Hierbei entsteht wie bei den thermochemischen Reaktionen Wärme, jedoch von weit geringerem Temperaturniveau.

Chemisches Grundprinzip thermochemischer Energiespeicherung:

Dies wird nachstehend an einem Feststoff mit der Zusammensetzung AB erläutert, welcher unter Energieaufnahme in die Bruchstücke A und B zerfällt, die aufgrund ihrer hohen Tendenz zur Rückreaktion unmittelbar beim Zerfall getrennt und im getrennten Zustand gelagert werden müssen. In diesem Zustand ist die eingespeicherte Energie ohne thermischen Isolationsaufwand auf unbeschränkte Zeit gespeichert.

Durch einfache Umkehr der Speicherreaktion wird das Ausgangsmaterial zurückgebildet und die eingespeicherte Energie wieder freigesetzt (Gl. I)

$$\begin{aligned} &A\text{–}B \xrightarrow{\Delta} A + B \text{ (Speicherladung)} \\ &A + B \longrightarrow A\text{–}B + \text{Wärmeenergie (Speicherentladung)} \end{aligned} \qquad \text{(I)}$$

Bei Gleichung (I) ist angenommen, daß eine der Molekülhälften von A–B als Feststoff im Reaktor verbleibt und die andere gasförmig entweicht. Dies ist hinsichtlich der raschen Trennung von A und B der Idealfall. Weit schwieriger wird die Trennoperation, wenn der Feststoff A–B in zwei gasförmige Bestandteile zerfällt und sie würde nahezu unmöglich, wenn die Molekülhälften A und B jeweils festen Aggregatzustand hätten.

Thermodynamisches Grundprinzip thermochemischer Energiespeicherung:

Aus der von Gibbs und Helmholtz aufgefundenen Beziehung für die freie Energie ΔG chemischer Reaktion nach Gl. a) kann man einen wichtigen Ausdruck für die Reaktionsenthalpie ΔH erhalten, welche im Zusammenhang mit chemischen Reaktionen zur Energiespeicherung eine der wichtigsten Größen ist. Da im Zustand des chemischen Gleichgewichts die freie Energie ΔG gleich Null ist, gilt für Gl. a) unter dieser Prämisse

$$\Delta G = \Delta H - T\,\Delta S = O \qquad \text{(a)}$$

(T = Zersetzungsungstemperatur des Stoffes A–B,
ΔS = Entropieänderung)

Durch Auflösen von Gl. (a) nach ΔH erhält man Gl. (b)

$$\Delta H = T \cdot \Delta S \qquad \text{(b)}$$

Hieraus erkennt man, daß für eine große Enthalpieänderung eine möglichst große Entropieänderung von Vorteil ist. Diesen Fall haben wir bei Gas/Festkörperreaktionen vorliegen, welche auch rein prozeßtechnisch (s.o.) den geringsten Aufwand für die Stofftrennung bei der Zersetzung von A–B erforderlich machen.

Schließlich kann man durch einfache Umformung von Gl. (b) auch die Abhängigkeit der Zersetzungstemperatur T von den beiden anderen Kenngrößen ΔH und ΔS erkennen. Es gilt nach Gl. (c)

$$T = \frac{\Delta H}{\Delta S} \qquad \text{(c)}$$

Wie man sieht, übt eine große Entropieänderung einen günstigen Einfluß auf die Höhe der Zersetzungstemperatur T aus, indem diese herabgesetzt wird.

Dem thermodynamischen und trenntechnischen Vorteil der Gas/Festkörperreaktionen steht der Nachteil des verglichen mit dem Volumen des Ausgangsmaterials erheblichen Volumenzuwachses bei der Gasfreisetzung gegenüber (Verminderung der volumetrischen Energiedichte). Dieser Nachteil kann wenigstens teilweise kompensiert werden, wenn das bei der Energiespeicherung freigesetzte Gas durch thermische oder – weniger gut wegen der Hilfsaggregate – mechanische Kompression verdichtet werden kann. Der Idealfall wäre gegeben, wenn sich das Reaktionsgas unter seinem Zersetzungsdruck verflüssigen ließe und durch Aufnahme von Umweltwärme wieder in den Gaszustand überführt werden könnte. Eine verfahrenstechnisch ebenfalls sehr brauchbare Alternative stellt die intermediäre Absorption des Reaktionsgases an einen Träger dar, welcher dieses jedoch nur mit Bindungskräften festhalten darf, die klein genug sind, um die Gasdesorption bereits bei Umgebungstemperatur durchführen zu können.

Weitere Kriterien für die Auswahl von Speichermaterialien:

Neben einer möglichst großen Reaktionsenthalpie muß ein in der Praxis anwendbares Speichermaterial noch eine Reihe weiterer Kriterien erfüllen, denen entscheidende Bedeutung zukommt. Diese sind:

1) Komplette Reversibilität der endothermen Speicherreaktion über Tausende von Arbeitszyklen
2) Hohe Energiedichte des Speichermaterials
3) Exzellente Kinetik der Speicherreaktion
4) Gute Wärmeleitfähigkeit des Reaktionsbettes
5) Falls Reaktionen unter Mitwirkung von Katalysatoren durchgeführt werden müssen, sind an deren Beständigkeit die höchsten Anforderungen zu stellen
6) Möglichkeit der Speicherung von Solarenergie auf hohem Temperaturniveau (Exergie–Speicher zur Lieferung der Antriebsenergie für thermodynamische Maschinen, wie Stirling–Motoren oder Turbinen)
7) Möglichst gleichbleibend konstante Temperatur des Speichers während der Entladung
8) Verfügbarkeit des Speichermaterials in großen Mengen
9) Geringe Materialkosten
10) Einfache Technologie zur Durchführung der Speicherreaktion
11) Keine Umweltbelastung bei der Handhabung der Speichermaterialien und der Durchführung der Speicherreaktion

Wie man aus dieser Auflistung von Forderungen ersieht, wird die Entwicklung thermochemischer Speicherprozesse wohl vorrangig ein Problem der anorganischen Chemie bleiben. Forderungen, wie beispielsweise die unter 1) und 6) verzeichneten sind von organisch chemischen Reaktionen sicher schwerer – falls überhaupt – zu erfüllen als von anorganischen.

Beispiele chemischer Reaktionen zur thermochemischen Energiespeicherung:

1) **Reversible Dehydratisierung von Metallhydroxiden, Salzhydraten und Säuren:**
Hierunter fallen so lange bekannte Reaktionen, wie z.B. das Löschen von Kalk

oder das Konzentrieren von Säuren wie Schwefelsäure. Neu daran ist lediglich die technologische Herausforderung, diese Reaktionen in reversibler Form so auszuführen, daß die Geschwindigkeiten der Wärmetransportvorgänge bei der Be- und Entladung des Speichers ein akzeptables Maß nicht unterschreiten. Dies kann insbesondere bei schlecht wärmeleitenden Feststoffen zum Problem werden. Auch morphologische Veränderungen des Reaktionsbettes (Verdichtung des Speichermaterials durch Zusammenklumpen im Verlauf der Reaktionszyklen) können zusätzliche Schwierigkeiten bereiten und den Kostenvorteil des Speichermaterials durch erhöhten technologischen Aufwand zunichte machen. Zur Technologie der Prozesse (II) und (III) siehe [2], S. 337–355, sowie für (IV) und (V) siehe [2], S. 390–394.

Reaktionsbeispiele:

$$Ca(OH)_2 \xrightleftharpoons{\Delta} CaO + H_2O_{(Dampf)} \qquad (II)$$

$$Mg\,(OH)_2 \xrightleftharpoons{\Delta} MgO + H_2O_{(Dampf)} \qquad (III)$$

$$CaCl_2 \cdot 2\,H_2O \xrightleftharpoons{\Delta} CaCl_2 \cdot H_2O + H_2O \qquad (IV)$$

$$MgCl_2 \cdot 6\,H_2O \xrightleftharpoons{\Delta} MgCl_2 \cdot 4\,H_2O + 2\,H_2O \qquad (V)$$

$$H_2SO_{4\ (aq)} \xrightleftharpoons{\Delta} H_2SO_{4\ (konz.)} + x\,H_2O \qquad (VI)$$

Energetische Daten [Reaktionsenthalpie ΔH(kJ/mol); Zersetzungstemperatur T; Entropie ΔS (J/mol.K)]

(II): $\Delta H = 109$; $T = 752$ K; $\Delta S = 145$
(III): $\Delta H = 81$; $T = 531$ K; $\Delta S = 153$

Eine besonders gut untersuchte Speicherreaktion ist die reversible Dehydratisierung von Schwefelsäure nach Gl. (VI). Neben der konzentrationsabhängigen hohen Verdünnungswärme der konzentrierten Säure von über 80 kJ/mol und der Möglichkeit, die Dehydratisierung der Dünnsäure bereits im Temperaturbereich leicht konzentrierender Solarkollektoren (ca. 400 K) ausführen zu können, macht vor allem der günstige Preis des Speichermaterials diese Anwendung unter entsprechenden Sicherheitsvorkehrungen attraktiv.

Eine wesentliche Steigerung der Energiedichte läßt sich durch Einbringen von Feuchtluft mit hohem Wasserdampfgehalt [3], oder durch i. Vak. unter

Zuhilfenahme von Umweltwärme erzeugten Wasserdampf erzielen [4]. Hierbei wird die Kondensationswärme des Wasserdampfs mitgenutzt, welche dem Betrage nach erheblich größer als die Verdünnungswärme ist.

2) **Reversible Deoxygenierung von Metalloxiden:**

Beispiele: HgO/Hg; BaO_2/BaO; SrO_2/SrO; PbO_2/PbO; KO_2/K_2O; Na_2O_2/Na_2O; LiO_2/Li_2O

Bis auf Quecksilberoxid HgO stellen die genannten Metalloxide Peroxide dar, deren Zersetzungstemperaturen sämtlich im Bereich zwischen 500 und 1200 K liegen. Am besten bekannt - weil früher einmal zur Herstellung von Wasserstoffperoxid benutzt - ist die reversible Oxygenierung von Bariumoxid. Ihr werden neben KO_2 und Na_2O_2 für die Speicherung von Energie am ehesten Chancen eingeräumt (siehe [2], S. 363–368).

Die Zersetzungstemperaturen von Metalloxiden - mit Ausnahme von HgO - liegen im Vergleich zu den Peroxiden erheblich viel höher und sie dürften aus diesem Grunde als Kandidaten ausscheiden.

Die Suche nach preisgünstigen Metalloxiden mit nicht zu hoher Zersetzungstemperatur und Unempfindlichkeit gegenüber Luftbestandteilen wie Stickstoff, Kohlendioxid und Wasserdampf ist vor allem deswegen eine lohnende Aufgabe, weil hiermit Energiespeicherung im offenen System betrieben werden könnte und damit die Gaszwischenspeicherung entfiele.

3) **Reversible thermische Dissoziation von Gasen:**

Beispiele:

$$SO_3 \underset{}{\overset{\Delta}{\rightleftharpoons}} SO_2 + \tfrac{1}{2}\, O_2 \qquad \text{(VII)}$$

$$2\, NH_3 \overset{\Delta}{\rightleftharpoons} N_2 + 3\, H_2 \qquad \text{(VIII)}$$

Die reversible thermische Zersetzung von Schwefeltrioxid in Schwefeldioxid und Sauerstoff gemäß (VII) hat wegen der Nutzung konzentrierter Solarenergie zum Prozeßantrieb die Bezeichnung SOLCHEM-Prozeß erhalten. Er wird für zentrale Anwendungen in Großanlagen ernsthaft erwogen [5,6]. Der SOLCHEM-Prozeß bietet die Möglichkeit, Solarenergie in gespeicherter Form nach dem Prinzip des chemischen Wärmerohres über weite Distanzen zu transportieren. Das technische Anlagenprinzip geht aus den Abb. 1) und 2) hervor.

Energetische Daten: $\Delta H = 98$ kJ/mol; $\Delta S = 95$ J/mol.K); T = 1040 K
(Daten gelten für den Gaszustand der Reaktanden)
Abgabetemperatur für die Nutzwärme: ca. 800 k

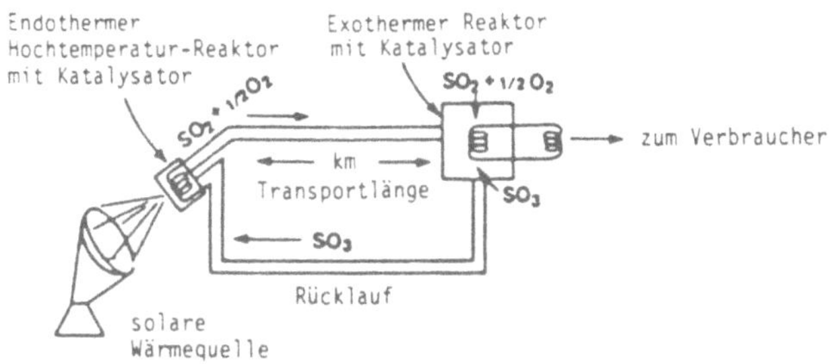

FERNWÄRMEÜBERTRAGUNG AUF KALTEM WEGE DURCH DIE SO_3-THERMOLYSE-REAKTION

Abb. 1

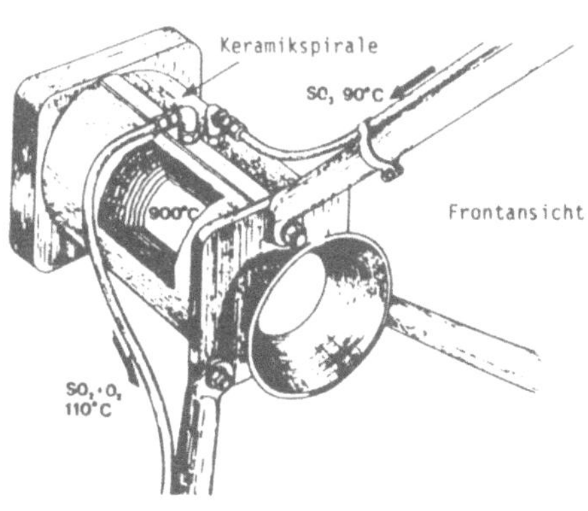

CAVITY-KONVERTER/WÄRMETAUSCHER FÜR DIE SO_3-ZERSETZUNG

Abb. 2

Aufgrund der langjährigen Erfahrung mit dem Ammoniak-Hochdruckprozeß nach Gl. (VIII) ist dieser aus mehrfachen Gründen dem SOLCHEM-Prozeß (VII) jedoch vorzuziehen (siehe hierzu [2], S. 331-337)

4) **Reversible Dissoziation von Metallhydriden:**

$$MeH_x \overset{\Delta}{\rightleftharpoons} Me + x/_2\, H_2 \qquad \text{(IX)}$$

Die Entwicklung der Metallhydride hat in den letzten Jahren erheblich an Dynamik gewonnen [7,8]. Derzeit werden sie jedoch vorrangig als Wasserstoff–Speicher aufgrund der diesen innewohnenden inhärenten Sicherheit [9], und der Möglichkeit zur Herstellung höchstreinen Wasserstoffs [10] verwendet. Ihre prinzipielle Brauchbarkeit als Arbeitsstoffe für thermochemische Wärmepumpen–Zyklen ist zwar ausgiebig untersucht [11], eine kommerzielle Anwendung steht jedoch noch aus.

Aus Gründen einer zweckmäßigen Unterscheidung teilt man die Metallhydride in sog. Niedertemperatur–Metallhydride und Hochtemperatur–Metallhydride ein. Die ersteren haben einen Wasserstoff–Dissoziationsdruck, welcher in der Regel schon bei Raumtemperatur den Atmosphärendruck überschreitet. Bei letzteren hingegen, wie z.B. Mg_2NiH_4 oder beim Magnesiumhydrid MgH_2 liegt dieser ca. 300 K höher. Wegen ihrer viel höheren Wasserstoffspeicherkapazität und der vergleichsweise sehr hohen Reaktionsenthalpie zur Auslösung des Zerfalls in Metall bzw. Metallegierung und gasförmigen Wasserstoff sind sie aussichtsreiche Kandidaten zur reversiblen Speicherung von Hochtemperaturwärme. Über eine gemeinsame Entwicklung mehrerer Partner zu dieser Thematik, welche vom Bundesministerium für Forschung und Technologie (BMFT) gefördert wird, handelt der Schlußbeitrag dieser Veröffentlichung.

Eine Übersicht über die derzeit schon im Handel befindlichen Metallegierungen zur Herstellung von Metallhydriden enthält Tabelle 1 (Quelle: Japan Metals & Chemicals, Co., Ltd. Tokyo).

Nr.	Legierungszusammensetzung	Spez. Gew.	H_2-Speicher-kapaz. l/kg	Gleichgew.-druck bar (°C)
1	$Fe_{0.94}Ti_{0.96}Zr_{0.04}Nb_{0.04}$	6.5	187	1.5 (30)
2	$TiFe_{0.9}Mn_{0.1}$	6.5	174	3.0 (30)
3	$MmNi_{4.5}Al_{0.5}$	8.0	128	1.9 (30)
4	$MmNi_{4.15}Fe_{0.85}$	8.2	137	9.5 (30)
5	$LaNi_5$	8.3	153	2.5 (30)
6	$FeTi_{1.13}$-1.9wt%($Fe_7Ti_{10}O_3$)	6.3	185	4.0 (40)
7	Mg_2Ni	3.2	409	3.6 (310)
8	$TiMn_{1.5}$	6.1	193	9.0 (30)
9	$CaNi_5$	6.5	202	0.5 (30)
10	$LaNi_{4.7}Al_{0.3}$	8.0	153	0.5 (30)
11	Lm-Ni alloy (1)	8.0	157	5.0 (30)
12	" (2)	8.0	157	3.3 (30)
13	" (3)	8.0	157	1.6 (30)
14	" (4)	8.0	144	0.6 (30)
15	" (5)	8.1	145	3.0 (30)

Mm = Mischmetall, Lm = Lanthanreiches Mischmetall

Tab. 1

5) **Reversible Wassergaskonvertierung von Methan:**

$$CH_4 + H_2O \xrightleftharpoons{1300K} CO + 3\ H_2 \qquad (X)$$

Dieses in der chemischen Großindustrie seit Jahrzehnten bei den sog. Wassergassynthesen benutzte Gemisch aus Kohlenmonoxid (CO) und Wasserstoff (H_2) kann heterogenkatalytisch in Methan (CH_4) und Wasser (H_2O) unter Energielieferung umgewandelt werden. Entsprechende Versuche wurden bei der Kernforschungsanlage (KFA) Jülich mit dem Ziel durchgeführt, Wärmeenergie aus Kernreaktoren nach dem Prinzip des chemischen Wärmerohres auf kaltem Wege an entfernte Verbraucher weiterzuleiten, wo durch katalytische Rückreaktion des Wassergases die Speicherenergie freigesetzt wird. Dieses Verfahren ist unter der Bezeichnung EVA–ADAM–Prozeß bekannt geworden [12].

Energetische Daten: ΔH = 205 kJ/mol; ΔS = 214 J/(mol.K); T = 960 K
(Daten gelten für den Gaszustand der Reaktanden)

6) **Reversible Zersetzung von Salzen:**
Beispiel:
Zersetzung von Ammoniumbisulfat in Ammoniak, Wasserdampf und Schwefeltrioxid

$$NH_4HSO_4 \xrightleftharpoons{\Delta} NH_3 + H_2O + SO_3 \qquad (XI)$$

Dieser aufgrund der Entstehung ausschließlich gasförmiger Stoffe mit hoher Entropieänderung verlaufende Dissoziationsvorgang gehört zu den bereits ernsthaft erwogenen Energiespeicherungsprozessen in Großanlagen zur solarthermischen Stromerzeugung [13]. Die Trennung von drei Reaktanden mit gleichem Aggregatzustand scheint hier keine schwer zu lösenden technischen Probleme zu bieten [14].

Energetische Daten: ΔH = 337 kJ/mol; ΔS = 456 J/(mol.K); T = 740 K

7) **Reversible Zersetzung von Metallcarbonaten:**
Beispiel:
Zersetzung von Calciumcarbonat bzw. Magnesiumcarbonat zu den entsprechenden Metalloxiden und Kohlendioxid

$$CaCO_3 \overset{\Delta}{\rightleftharpoons} CaO + CO_2 \qquad \text{(XII)}$$

$$MgCO_3 \overset{\Delta}{\rightleftharpoons} MgO + CO_2 \qquad \text{(XIII)}$$

Der Vorgang der thermischen Zersetzung von Metallcarbonaten ist im Falle der Zersetzung von Calciumcarbonat als Kalkbrennen bekannt und stellt eine der ältesten chemischen Reaktionen dar. Ob dieser Prozeß einmal zur Energiespeicherung gebraucht werden kann, hängt wesentlich von weiteren Versuchsergebnissen zur Reaktionskinetik und der Wärmeleitfähigkeit des Reaktionsbettes ab [15].

Das Reaktionsgas Kohlendioxid bringt günstige Voraussetzungen für eine evtl. Verflüssigung im Hinblick auf eine Volumenreduzierung des Gas–Zwischenspeichers mit sich. Die Verdampfungswärme des flüssigen Kohlendioxids könnte ggf. zur Kälteerzeugung genutzt werden.

Energetische Daten:

XII: ΔH = 178 kJ/mol: ΔS = 1612 J/(mol.K); T = 1110 K

XIII: ΔH = 117 kJ/mol; ΔS = 175 J/(mol.K); T = 670 K

8) **Reversible Zersetzung von Ammoniakaten:**

Beispiele:

Zersetzung von Eisen (II)–chlorid–hexa–ammoniakat bzw. Calciumchlorid–octa–ammoniakat.

$$FeCl_2 \cdot 6\ NH_3 \overset{\Delta}{\rightleftharpoons} FeCl_2 \cdot 2\ NH_3 + 4\ NH_3 \qquad \text{(XIV)}$$

$$CaCl_2 \cdot 8\ NH_3 \overset{\Delta}{\rightleftharpoons} CaCl_2 \cdot 4\ NH_3 + 4\ NH_3 \qquad \text{(XV)}$$

Diese Reaktionen haben bislang keine Bedeutung zur Energiespeicherung erlangt. Bekannt geworden ist lediglich ein chemischer Wärmepumpenzyklus, der sich der beiden o.g. Ammoniakate bedient. Nachstehend sind die einzelnen Prozeßschritte mit den dabei umgesetzten Wärmemengen und die theoretische Leistungszahl des gesamten vierstufigen Reaktionszyklus wiedergegeben, welcher offenbar über das Labor–Versuchsstadium nicht hinausgekommen ist:

Chemischer Reaktionszyklus:

$$FeCl_2 \cdot 6\ NH_3 \xrightarrow[1,5\ bar]{423\ K} FeCl_2 \cdot 2\ NH_3 + 4\ NH_3 \qquad (1)$$

$$CaCl_2 \cdot 4\ NH_3 + 4\ NH_3 \xrightarrow[1,5\ bar]{} CaCl_2 \cdot 8\ NH_3 \qquad (2)$$

$$CaCl_2 \cdot 8\ NH_3 \xrightarrow[0,015\ bar]{258\ K} CaCl_2 \cdot 4\ NH_3 + 4\ NH_3 \qquad (3)$$

$$FeCl_2 \cdot 2\ NH_3 + 4\ NH_3 \xrightarrow[0,015\ bar]{} FeCl_2 \cdot 6\ NH_3 \qquad (4)$$

Energiebilanz:

1) Aufgenommene Primärenergie (Hochtemperaturwärme): 52 kJ/mol NH_3
2) Abgegebene Niedertemperaturwärme (313 K): 41 kJ/mol NH_3
3) Aufgenommene Sekundärenergie (Umgebungswärme): 41 kJ/mol NH_3
4) Abgegebene Niedertemperaturwärme (313 K): 52 kJ/mol NH_3

$$\text{Leistungsziffer } \varepsilon = \frac{E(2) + E(4)}{E(1)} = \frac{41 + 52}{52} \approx 1,8$$

Für weitere Details zu dieser Entwicklung einer thermochemischen Wärmepumpe siehe [16], Neben Ammoniakaten sind auch Salzhydrate als Arbeitsstoffe für thermochemische Wärmepumpen bekannt. Ein solches System ist zum Patent angemeldet worden [17].

Obwohl die bisher bekannt gewordenen Ansätze zur technischen Realisierung chemischer Wärmepumpenzyklen noch zu keinem marktfähigen Produkt geführt haben, sollte die Forschung auf diesem Gebiet weitergehen. Im Endergebnis müßten chemische Prozesse resultieren, welche dem bekannten Absorptions-Wärmepumpenprozeß hinsichtlich der Leistungszahl überlegen und trotzdem wirtschaftlich sind. Darüber hinaus sollten keine Arbeitsstoffe verwendet werden müssen, welche – wie die in der Kältetechnik üblichen Fluor-Chlor-Kohlenwasserstoffe (FCKW) – zu ökologischen Schäden führen.

9) **Thermochemische Zersetzung von Wasser in Wasserstoff und Sauerstoff:**

Diese für die Bereitstellung von Wasserstoff als Sekundärenergieträger sehr attraktive Reaktion kann wegen der sehr hohen Prozeßtemperatur von ca. 2500 K nicht auf direktem Wege vollzogen werden. Der derzeit beschrittene Ausweg zur Erreichung des angestrebten Zieles beinhaltet Mehrstufenprozesse, welche teilweise schon bis zum Pilotmaßstab gediehen sind. Hinsichtlich des technischen Standes dieser Entwicklung siehe [18].

Energiespeicherung in Form photochemischer Reaktionen:

Auf einige charakteristische Unterschiede der photochemischen und thermochemischen Verfahrensvariante zur Speicherung von Solarenergie ist bereits auf Seite 3 dieses Manuskripts hingewiesen worden.

Wie aus dem Prinzipschema Abb. 3 [19] eines photochemischen Anregungsprozesses hervorgeht, lösen die Photonen des Lichts in der Speichermaterie A zunächst einen Anregungsprozeß aus, der zu einem hochangeregten Schwingungszustand A^* des Stoffes A führt, welcher unter Energieverlust auf dem Energieniveau S_1 sehr kurzzeitig relaxiert. Von S_1 ausgehend entscheidet sich dann das weitere Schicksal des hochangeregten Moleküls. Im schlimmsten Fall verliert es seine Anregungsenergie ganz oder teilweise über die Desaktivierungswege ① (Wärmedissipation durch strahlungslose Desaktivierung) oder ② (Fluoreszenz, d.h. Aussenden eines Photons, dessen Energieniveau niedriger liegt als das des prozeßanregenden Photons). Die in diesen beiden Prozeßschritten umgesetzten Energien sind für die Bildung eines energiereichen Speichermaterials grundsätzlich verloren!

Als Speicherenergie nutzbar ist nur diejenige, welche entweder direkt über S_1 zur Synthese des Endprodukts P führt (beste Alternative) oder – weniger gut – über den energetisch labilen Schwingungszustand T_1.

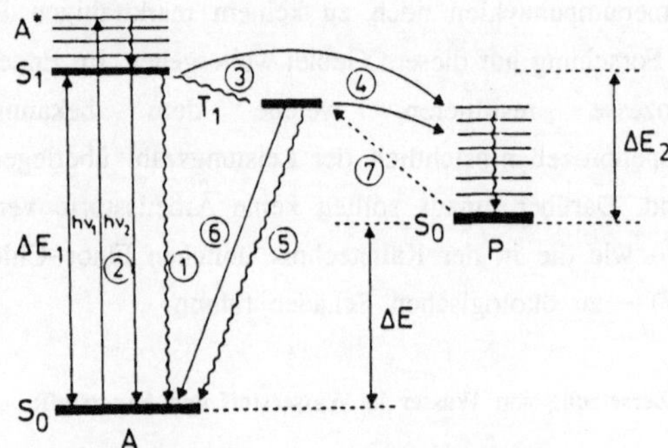

Schema der optischen Anregung des Stoffs A. Angabe der Umwandlungsprozesse des angeregten Zustands A* (siehe Text) und Bildung des photochemischen Produkts P mit der Energiespeicherung ΔE.

Abb. 3

Wie man an dem Schema erkennen kann, hat das gegenüber A energiereichere, langzeitstabile Endprodukt P die Energiemenge ΔE aufgenommen. Dieser Energiebetrag ist um die Energiemenge ΔE_2 kleiner als die mit dem Photon eingestrahlte Energiemenge ΔE_1. Man ersieht hieraus, daß selbst bei idealem Prozeßverlauf (Wegfall der Desaktivierungsschritte ① und ② inclusive des idealen Verhältnissen ebenfalls nicht entsprechenden Intermediärzustandes T_1), sich niemals die volle Anregungsenergie ΔE_1 im Endprodukt P wiederfindet. Dies ist ein zwingender thermodynamischer Sachverhalt, der respektiert werden muß, um zu einem stabilen, lagerfähigen Endprodukt P zu gelangen. Dieses kann dann nach beliebig langer Zeit thermochemisch und unter katalytischer Mitwirkung die gespeicherte Energie in Form von Wärme abgeben, wobei das Ausgangsmaterial wieder zurückgebildet wird.

Zu den vorstehend gemachten Erläuterungen zum Wesen der Energiespeicherung in Form photochemischer Reaktionen ist noch anzumerken, daß weitaus die meisten bis heute bekannten photochemischen Reaktionen exotherm und nicht – wie gewünscht – endotherm verlaufen. Dies engt die Auswahl potentieller Kandidaten erheblich ein. Ein nicht zu unterschätzendes handicap ist neben der schon eingangs erwähnten Wellenlängenselektivität photochemischer Reaktionen auch der Umstand, daß farblose Ausgangsmaterialien in manchen Fällen der Mitwirkung von nicht immer leicht aufzufindenden Sensibilisatoren (Photokatalysatoren) bedürfen, um genügend Lichtenergie zu absorbieren. Schließlich ist die Verwendung organisch chemischer Ausgangsmaterialien zur Energiespeicherung wegen derer begrenzten Zyklusbeständigkeit keine optimale Lösung.

Anwendungsbeispiel: Der Norbornadien-Quadricyclan-Prozeß

Norbornadien und Quadricyclan sind isomere und aufgrund unterschiedlicher Molekülgeometrie sich in ihrem Energieinhalt unterscheidende farblose zyklische Kohlenwasserstoffe. Man gelangt vom energieärmeren Norbornadien zum energiereicheren Quadricyclan über eine photosensibilisierte Reaktion [20]. Die Auslösung der sehr heftigen thermochemischen Rückreaktion erfolgt durch Zugabe eines Katalysators (Kobalt-Porphyrin-Komplex) unter Wärmelieferung auf einem Temperaturniveau knapp über 373 K. Das chemische Grundprinzip geht aus Abbildung 4 hervor [21].

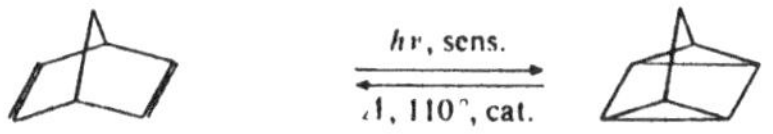

$h\nu$, sens. / Δ, 110°, cat.

C_7H_8 (I)
Norbornadien
flüssig, farblos
Preis heute Fr. 2.50/kg
bei Mengenproduktion ≈
wie Benzin (ohne Steuern)

(II)
Quadricyclan
flüssig, farblos
ΔE = 260 kcal/kg

Abb. 4 (XVI)

Bei einer technischen Realisierung des Prozesses (XVI) muß dafür gesorgt werden, daß die Rückreaktion gesteuert abläuft. Hierzu wird das Quadricyclan aus einem Speicher dosiert über ein Katalytbett gegeben, von wo aus die Reaktionswärme über einen Wärmetauscher auf einen Wasserkreislauf übertragen wird, wie Abbildung 5 zeigt [22].

System-Schema:

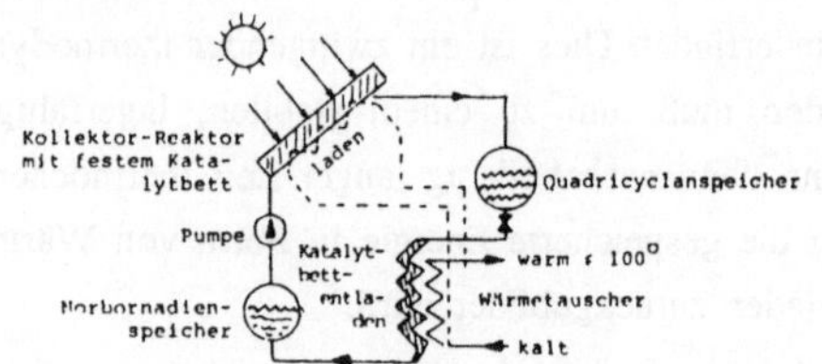

Abb. 3: Schema der photochemischen Speicherung in Norbornadien (Quadricyclan).

Abb. 5

<u>Photochemische Gasphasenreaktion:</u> Eine Lücke in der Solartechnik könnten sog. "schwarze" Gase ausfüllen, welche in der Lage sein müssen, Solarstrahlung mit hoher Quantenausbeute unter hoher Wärmeentwicklung zu absorbieren (Chemischer Solarabsorber). Man könnte auf diese Weise die Wärmeübertragungsverluste vermeiden, welche bei der Wärmeübertragung von einem Solarabsorber üblicher Bauart auf einen Gas–Strom entstehen.

Ein in dieser Beziehung herausragendes Gas ist Stickstoff–dioxid (NO_2), welches mit nahezu theoretischer Quantenausbeute sichtbares Licht absorbiert und in Wärme umwandelt. Es kann auch in Mischung mit anderen Gasen (z.B. Stickstoff oder Sauerstoff) genutzt werden, auf welche die vom NO_2 aufgenommene Energie durch Kollisionsdesaktivierung übertragen wird [23]. Einer Anwendung in technischen Anlagen steht jedoch seine chemische Aggressivität entgegen. Die Suche nach weniger bedenklichen Ersatzgasen wäre lohnend.

Das Magnesiumhydrid/Magnesium/System zur Wärmespeicherung und Kälteerzeugung:

Wie eingangs erwähnt, wird dieses System als abschließender Beitrag in detaillierterer Form beschrieben. Es geht auf eine gemeinschaftliche Entwicklung am Max–Planck–Institut für Kohlenforschung und dem Max–Planck–Institut für Strahlenchemie in Mülheim a.d. Ruhr zurück. Hiermit konnte erstmals die Verwendung eines Hochtemperatur–Metallhydrids – dem reines Metall und keine Legierung zugrundeliegt – zur Speicherung von Hochtemperaturwärme aus solarer oder fossiler Quelle demonstriert werden.

Die Weiterentwicklung als Energiespeicher für dezentrale solarthermische Kraftwerke erfolgt derzeit in Kooperation mit der Firma BOMIN SOLAR GmbH, Lörrach und dem Institut für Kernenergetik und Energiesysteme (IKE) der Universität Stuttgart im Rahmen eines BMFT-Förderungsprojektes.

Systembeschreibung

Magnesiumhydrid ist eine lange bekannte chemische Substanz, welche jedoch wegen mangelnder Reaktivität zur Wärmespeicherung nicht benutzt werden konnte. Erst seit es gelang [24] die Kinetik der Wasserstoffabspaltung zu metallischem Magnesium und – umgekehrt – die Hydrierung des Magnesiums zu Magnesiumhydrid durch katalytische Aktivierung erheblich zu verbessern, ließen sich Wärmespeicherungsreaktionen in Betracht ziehen.

Der grundlegende thermochemische Prozeß zur Wärmespeicherung und der Rückgewinnung der Speicherwärme geht aus Gleichung (XVII) hervor:

Wärmespeicherung:

$$MgH_2 \xrightarrow{\Delta} Mg + H_2 \quad (-75\ kJ/mol\ MgH_2) \qquad (XVII)$$

Rückgewinnung der Speicherwärme:

$$Mg + H_2 \longrightarrow MgH_2 \quad (+75\ kJ/mol\ MgH_2)$$

Ein bemerkenswerter Vorteil gegenüber vielen anderen Metallhydriden besteht in der praktisch nicht vorhandenen Hysterese, welcher vor allem bei Wärmespeicherungsreaktionen mit kurzen Zykluszeiten – wie z.B. Wärmepumpenanwendungen – zum Tragen kommt (Fig. 1)

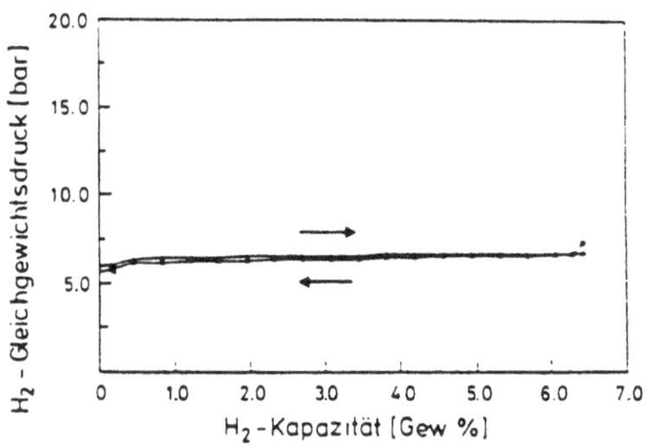

Druck-Konzentrations-Isotherme bei 352°C für das MgH_2-Mg-System (Ni-dotiertes Mg-Pulver, Korngröße: 270 mesh).
-Δ-: H_2-Absorption; -□-: H_2-Desorption.

Fig. 1

Grundsätzlich besteht ein Wärmespeicher auf Magnesiumhydridbasis aus einem drucksicheren Behälter zur gefahrlosen Handhabung, welcher mit einem zweiten zum Auffangen freigesetzten gasförmigen Wasserstoffs verbunden ist. Mit einem Ventil zwischen diesen beiden Behältern kann unerwünschtes Rückströmen von Wasserstoff zum Magnesiumbehälter unterbunden werden.

Prinzipiell existieren 3 Möglichkeiten zur Zwischenspeicherung freigesetzten Wasserstoffs:

1) Speicherung in einem Gasometer unter Normaldruck
2) Speicherung unter dem Zersetzungsdruck des Magnesiumhydrids in einem Druckbehälter
3) Speicherung in Form eines Niedertemperatur-Metallhydrids

Die Wasserstoffzwischenspeicherung unter Normaldruck in einem Gasometer hat den Vorteil niedrigster Zersetzungstemperatur des Magnesiumhydrids. Als Nachteil muß hier vor allem ein relativ großes Vorhaltevolumen für Wasserstoffgas in Kauf genommen werden. Für die Speicherung von 1 kWh thermischer Energie ist 1 m^3 an Speicherraum erforderlich. Dies ist ungefähr drei mal so viel wie bei der Speicherung von Wasserstoff als Brenngas.

Bei der Speicherung von Wasserstoffgas unter dem temperaturabhängigen Zersetzungsdruck des Magnesiumhydrids nach Gasspeicherungsvariante 2) kann das Vorhaltevolumen für den Gasspeicher beträchtlich reduziert werden. Tab. 2 und Fig. 2 zeigen den temperaturabhängigen Zersetzungsdruck des Speichermaterials [25]

Temperaturabhängiger Zersetzungsdruck
von Magnesium-Hydrid (P_{H_2})

T (^oC)	P (mbar)	T (^oC)	P (mbar)
280	914.154	400	15679.517
290	1213.307	410	18994.086
300	1594.524	420	22882.373
310	2075.976	430	27421.008
320	2678.853	440	32693.477
330	3427.716	450	38790.637
340	4350.791	460	45810.750
350	5480.343	470	53859.625
360	6853.003	480	63051.027
370	8510.119	490	73506.891
380	10498.087	500	85357.109
390	12868.709		

ΔP_{H_2} = 84 bar

Tab. 2

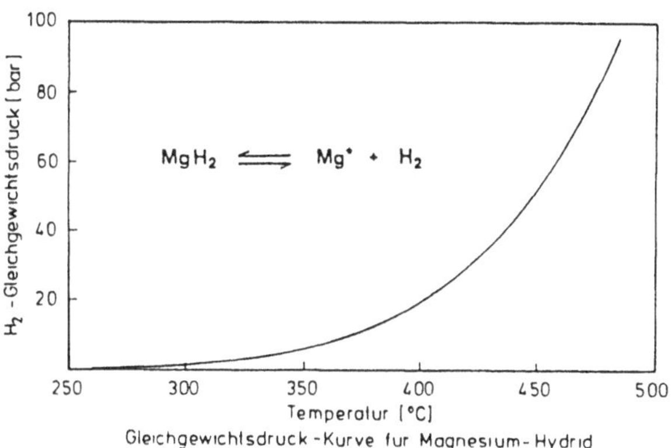

Gleichgewichtsdruck-Kurve für Magnesium-Hydrid

Fig. 2

Wie man aus den Zahlen für den Wasserstoffdruck in Abhängigkeit von der Zersetzungstemperatur erkennen kann, existiert ein Druckunterschied von 84 bar zwischen dem höchsten und niedrigsten Druck unter dem Magnesiumhydrid bislang in Metall und Wasserstoff gespalten wurde. Der hohe Druck von 85 bar bei 500^0 C ist speziell für die Anwendung des Magnesiumhydrids als thermischer Wasserstoffkompressor interessant.

Die technischen und ökonomischen Vorteile eines solchen Kompressors lassen sich wie folgt zusammenfassen:

1) Einfache Technologie aufgrund des Fehlens mechanisch bewegter Bauteile
2) Geringe Materialkosten für Magnesiumhydrid
3) Vergleichsweise billige thermische Energie zum Betrieb des Kompressors anstelle elektrischer Energie
4) Kosteneinsparung bei der Erzeugung flüssigen Wasserstoffs durch Vorkomprimierung des Wasserstoffgases vor dem Verflüssigungsprozeß.

Die dritte Möglichkeit zur Wasserstoffzwischenspeicherung basiert auf der Verwendung einer zur Metallhydridbildung befähigten Metallegierung, welche bei der Wasserstoffaufnahme in ein Niedertemperatur-Metallhydrid übergeht. Letzteres muß in der Lage sein, den chemisch gebundenen Wasserstoff unter Aufnahme von Umgebungswärme zur Deckung der Reaktionsenthalpie wieder freizugeben. Dieser dritte Weg zur

Zwischenspeicherung von Wasserstoff ist aus folgenden Gründen in verfahrenstechnischer und energieökonomischer Hinsicht der interessanteste:

1) Die Absorption von Wasserstoff unter Bildung eines Niedertemperatur-Metallhydrids liefert Niedertemperaturwärme, welche zwischen 30–40% der Hochtemperatur-Reaktionswärme ausmacht und beispielsweise bei chemischen Wärmepumpenprozessen Verwendung finden kann (siehe Fig. 3).
2) Die Desorption des Wasserstoffs aus dem Niedertemperatur-Metallhydrid geht mit der Produktion einer äquivalenten Menge an Kälte einher, welche zur Eisbereitung, Meerwasserentsalzung oder in der Klimatechnik einsetzbar ist.
3) Die hohe Temperaturspreizung, welche in dem kombinierten Metallhydridsystem bei der Rückreaktion des Magnesiums zu Magnesiumhydrid auftritt, kann vorteilhaft zur Wirkungsgraderhöhung thermodynamischer Maschinen, wie z.B. Stirling-Motoren genutzt werden. Ähnliches gilt für die Erzeugung elektrischen Stroms mittels thermoelektrischer Zellen.
4) Durch Einspeisung von Niedertemperaturwärme - beispielsweise Abwärme aus industriellen Prozessen - in den Niedertemperaturteil des kombinierten Metallhydridsystems läßt sich dort der Wasserstoffdruck erhöhen, was zum Temperaturanstieg im Hochtemperaturteil führt (Wärmetransformation).
5) Das Vorhaltevolumen für die Zwischenspeicherung von Wasserstoff ist gegenüber den beiden anderen Speichervarianten hier mit Abstand am kleinsten.

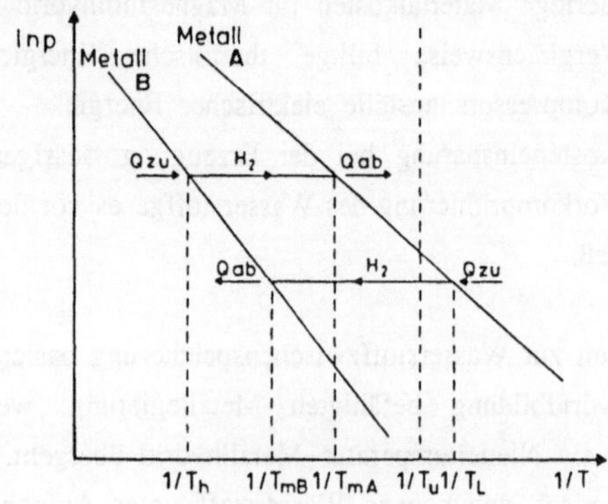

Fig. 3

Fig. 4 zeigt die grundlegende experimentelle Anordnung einer Magnesium-hydrid/Niedertemperaturmetallegierungs-Kombination zum Studium der reversiblen Hydrierung/Dehydrierung von Magnesium/Magnesiumhydrid unter intermediärer Bildung eines Niedertemperaturmetallhydrids.

Sektion A beinhaltet den thermisch isolierten, zylindrischen Edelstahlbehälter, welcher mit 1054 g Nickel-dotiertem Magnesiumpulver entsprechend dem US-Patent 4.554.152 gefüllt ist. Die Wärmezufuhr zu diesem Behälter erfolgte über dessen obere horizontale Abdeckplatte mittels einer elektrischen Heizplatte.

Sektion B zeigt den kommerziell erhältlichen [26] Niedertemperaturmetallhydridbehälter (Wasserstoff-Speicherkapazität: 1 m^3), welcher die Legierung Code 5800 ($Ti_{0.98}$ $Zr_{0.02}$ $V_{0.43}$ $Fe_{0.09}$ $Cr_{0.05}$ $Mn_{1.2}$) enthält. Dieser ist in ein Wasser- oder Wasser/Glykolbad eingetaucht, dessen Temperatur mittels des Thermostaten L auf einem vorwählbaren konstanten Temperaturniveau gehalten werden kann. Beide Behälter sind über die Kupfer-Rohrleitung C zwecks Wasserstoffaustausch in beiden Richtungen miteinander verbunden. G ist eine Hochpräzisionswaage zur gravimetrischen Bestimmung absorbierten/desorbierten Wasserstoffs im und aus dem Niedertemperaturmetallhydrid-Behälter.

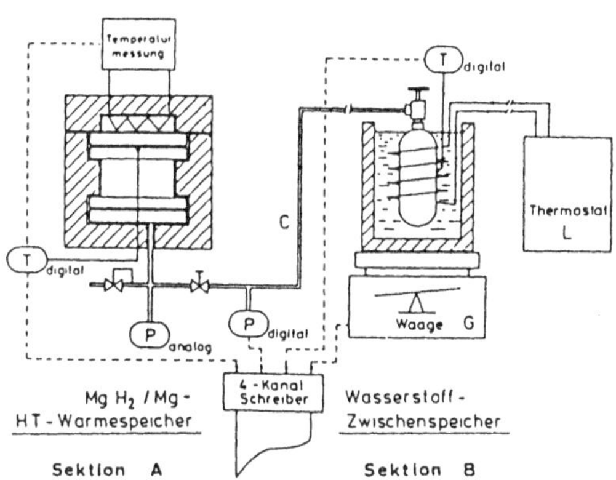

Fig. 4

Experimentelle Ergebnisse:

Mit der experimentellen Anordnung gemäß Fig. 4 sind die folgenden Hydrier/Dehydrierreaktionen durchgeführt worden, deren Ergebnisse in Tabelle 3 zusammengefaßt sind.

1	2	3	4	5	6
Temp. des NT-Metall-Hydrids (°C)	Desorb. H_2-Menge aus MgH_2 (g)	Max. desorb. H_2-Menge/ Stde. (g/Stde.)	Menge durch Mg resorb. Wasserst. (g)	Wärme-leistung des MgH_2-Behälters (kW)	Wärme-kapazität des MgH_2-Behälters (kWh)
+ 10	69	40,4	69(6.0h)	0,26(2,5h)	0,71
+ 20	69,4	33,6	60(2,5h) 69(6,0h)	0,3(2,5h)	0,71
+ 30	60,6	26,0	62,6(6,0h)	0,33(2,0h)	0,65
+ 40	36,4	24,0	37,6(6,0h)	0,33(1,2h)	0,38

Tab. 3

Bei sämtlichen hier aufgeführten Experimenten war die Aufheizgeschwindigkeit (405 K/Stde.) des Magnesiumhydrid-Behälters von Umgebungstemperatur bis auf die Endtemperatur von 425° C gleich. Nach Erreichen der Endtemperatur beließ man diese für weitere 5 Stdn. auf diesem Niveau. Die Temperaturen, bei denen der freigesetzte Wasserstoff von der Niedertemperatur-Metallegierung absorbiert wurde, sind hingegen in Intervallen von 10 K zwischen + 10° C als der tiefsten und + 40° C als der höchsten Temperatur variiert worden.

Die Menge an absorbiertem Wasserstoff in der Niedertemperatur-Metallegierung wurde durch Auswiegen des betreffenden Behälters auf einer Hochpräzisionswaage ermittelt. Die Ergebnisse finden sich in den Spalten 2 und 3 der Tabelle 3.

Die Gewichtsmengen für den umgekehrten Prozeß der Desorption von Wasserstoff aus dem Niedertemperatur-Metallhydrid sind in Spalte 4 der Tabelle 3 verzeichnet. Das bei + 20° C durchgeführte Experiment läßt erkennen, daß der größte Teil des Wasserstoffs bereits nach 2.5 Stdn. vom Magnesium-Speicher aufgenommen war. Sämtliche in Spalte 4, Tabelle 3 angegebenen Gewichtsmengen sind nur für den Fall der Hochtemperaturwärmeabgabe gültig, bei welchem diese über die obere horizontale thermisch nicht isolierte Deckplatte des Behälters durch thermische Strahlung und natürliche Konvektion aus dem System abgeführt wurde. Ein bemerkenswerter Anstieg der Wasserstoffsorptionsgeschwindigkeit ist registrierbar, wenn während des Wasserstofftransfers die der Wärmeabgabe vorbehaltene horizontale Deckplatte mit einem Topf kalten Wassers bedeckt wird, welches nach kurzer Zeit zum Kochen kommt.

Die korrespondierenden Zahlenwerte für die Wärmeleistung während der Resynthese des Magnesiumhydrids sind in Spalte 5, Tabelle 3 angegeben. Auch diese sind nur gültig, wenn die Hochtemperatur-Reaktionswärme gemäß vorstehend genannter Konditionen abgegeben wird. In einem bei + 10^{0} C auf der Niedertemperaturseite des Systems durchgeführten Experiments konnte eine Verbesserung der Wärmeleistung um den Faktor 2 beobachtet werden, wenn zur Wärmeabfuhr Kaltwasser verwendet wird, welches zum Kochen gebracht wird.

Die Zahlenwerte für die Wärmekapazitäten des Magnesiumhydridbehälters in Abhängigkeit von der Temperatur des Niedertemperaturwärmebehälters finden sich in Spalte 6, Tabelle 3. Sie folgen demselben Trend wie jene in den Spalten 2 und 4, Tabelle 3.

Untersuchungen zur Ermittlung der Mindest-Vorheiztemperatur im Magnesiumbehälter zur Auslösung der Energierückgewinnung:

Für die praktische Durchführung des Teilvorgangs der Wärmerückgewinnung innerhalb eines Reaktionszyklus muß die Mindest-Vorheiztemperatur im Magnesiumbehälter bekannt sein, ab welcher die Wasserstoffresorption selbsttätig einsetzt.

Anhand von zwei Experimenten, bei denen der Niedertemperatur-Metallhydridbehälter auf Temperaturen von + 10^{0} C bzw. + 20^{0} C gehalten wurde, ließ sich zeigen, daß eine Vorheizung des Magnesiumbehälters auf + 150^{0} C für den Start der Wärmerückgewinnung ausreichend ist.

Gleichzeitige Produktion von Hochtemperaturwärme und Kälte:

Die interessanteste Anwendung der Speichereinheit gemäß Fig. 4 besteht in der gleichzeitigen Gewinnung von Eis mit dem Niedertemperatur-Metallhydridbehälter und Hochtemperaturwärme bei der Resorption von Wasserstoff im Magnesiumbehälter unter Rückbildung von Magnesiumhydrid.

Zur Demonstration dieses Doppeleffektes ist der Behälter mit der Niedertemperatur-Metallegierung auf 0^{0} C abgekühlt und auf diesem Temperaturniveau mittels eines Wasser/Eisbades gehalten worden, bis der Wasserstofftransfer vom Magnesiumhydridbehälter beendet war.

Unter diesen Bedingungen wurden innerhalb drei Stunden 67.2 g Wasserstoffgas mit einer maximalen Liefermenge von 46.0 g/Stde. von der Niedertemperatur–Metallegierung unter Bildung des entsprechenden Metallhydrids aufgenommen.

Nach Ablauf dieser Prozedur senkte man den Niedertemperatur–Metallhydridbehälter in ein Wasserbad bei einer Temperatur nahe 0° C und der Magnesiumbehälter wurde auf die unumgängliche Vorheiztemperatur – wie vorstehend erwähnt – gebracht. Nach drei Stunden waren 59.0 g Wasserstoff im Magnesiumbett resorbiert und weitere 2.5 g nach zwei weiteren Stunden. Diese Daten sind im Einklang mit einer Wärmekapazität von 0.64 kWh bezogen auf den Magnesiumbehälter. Die Wärmeleistung war dabei über einen Zeitraum von 2.3 Stunden nahezu konstant und betrug 0.23 kW.

Bei Reaktionsende hatten sich 1.9 kg Eis als feste Masse rund um den Niedertemperatur–Metallhydridbehälter gebildet. Dies entspricht einer Kühlkapazität von 0.18 kWh (28 % der Hochtemperatur–Wärmekapazität) und einer Kühlleistung von 0.076 kW. Die an der Wärmeableitplatte des Magnesiumhydridbehälters während der Eisproduktion gemessene Temperatur betrug 315° C. Das Experiment wurde mit demselben Ergebnis zweimal wiederholt.

<u>Wärmetransformation:</u>

Das System gemäß Fig. 4 kann auch als Wärmetransformator eingesetzt werden, was durch das nachstehend beschriebene Experiment verifiziert werden konnte:

Das Magnesiumhydrid wurde im dazugehörigen Behälter durch Aufheizen von + 20° C auf + 349° C innerhalb 45 min. thermisch zersetzt und der desorbierte Wasserstoff (76 g) in den Behälter mit der Niedertemperatur–Metallegierung überführt, welcher auf einer Temperatur von – 20° C gehalten wurde. Der Wasserstoffenddruck im System war 4.3 bar.

Die Rückreaktion ließ man bei einer Temperatur von + 29° C im Niedertemperatur–Metallhydridbehälter ablaufen, wobei der anfängliche Wasserstoffdruck von 4.3 bar auf 24.3 bar anstieg.

Die Temperatur im allseits thermisch isolierten Magnesiumbehälter, aus welchem Wärme nur nach Maßgabe des thermischen Isolationsstandards abfließen konnte, stieg sehr schnell von ursprünglich 350° C auf 373° C und verharrte bei dieser Temperatur über einen Zeitraum von zwei Stunden. Nach weiteren zwei Stunden war die Temperatur auf 340° C gefallen. Das Ergebnis dieses Experimentes zeigt, daß der ursprüngliche Temperaturschub von 49 K im Niedertemperatur–Metallhydridbehälter zu einer Temperaturerhöhung im korrespondierenden Hochtemperatur–Wärmebehälter von 23 K führt.

Zykluslebensdauer–Experimente:

Mit einer selbst entwickelten Testapparatur, welche die Ergebnisse aufeinanderfolgender Reaktionszyklen automatisch registriert, ist die reversible Hydrierung/Dehydrierung katalytisch dotierten Magnesiums/Magnesiumhydrids an ein und derselben Materialprobe bislang ca. zweitausend Mal getestet worden. Ein Nachlassen der chemischen Reaktivität war dabei nicht zu verzeichnen. Diese Tests werden weitergeführt.

Schrifttum

[1] Science XXXVI, 385 (1912).

[2] Garg, H.P.
Mullick, S.C.
Bhargava, A.K.
Solar Thermal Energy Storage. Dordrecht/Boston/Lancaster: D. Reidel Publishing Company, 1985.

[3] Holthaus, D.
Energiespeicherung in chemischer Form. Kalorische Daten eines chemischen Wärmeenergiespeichers auf Schwefelsäurebasis. Praxissemesterstudienarbeit, Univ. Essen (GHS) 1983.

[4] Hiller C.C.
Clark, E.C.
Development of the Sulfuric Acid–Water Chemical Heat Pump/Chemical Energy Storage System for Solar Heating and Cooling. Sun II, Proceedings of the International Solar Energy Congress Atlanta, Georgia USA, May 1979; Ed. Böer, K.W.' Glenn, B.G. et al, Pergamon Press 1980.

[5] Offenhartz, P. O'D.
Sharing the Sun, Solar Technology in the Seventies, Winnipeg (1976), S. 48 ff.

[6] siehe [2]. S. 318–331.

[7] Buchner, H.
Energiespeicherung in Metallhydriden. Wien/New York: Springer–Verlag, 1982.

[8]
International Symposium on Metal Hydrogen Systems, Stuttgart 4.–9. September 1988.

[9] siehe [7], S. 57 ff

[10] siehe [7], S. 234.

[11] siehe [2], S. 394–397.

[12] Hart, R.
Nießen, H.–F.
Vau, V.
Hoffmann, H.
Kesel, W.
Die Versuchsanlage EVA II/ ADAM II – Beschreibung von Aufbau und Funktion – Berichte der Kernforschungsanlage Jülich – Nr. 1984.

[13] Wentworth W.E.
Chen E.
siehe [5] S. 226 ff.

[14] siehe [2] S. 362–363.

[15] siehe [2] S. 355–358.

[16] siehe [2] S. 384–390.

[17] Brodalla, D.
Hollenberg, D.
Kniep, R.
DBP angem. Nr. P 2810360.8.

[18] Knoche, K.-F.
VDI Berichte Nr. 725, 1989 S. 235
Düsseldorf: VDI-Verlag.

[19] Schumacher, E.
Chimia 32, 193 (1978).

[20] King, R.B.
Sweet, E.M.
Hanes, R.M.
Development of a practical photochemical energy storage system (University of Georgia, Athens/Georgia, USA) 1977.

[21] siehe [19].

[22] siehe (19).

[23] Heicklen, J. in Kok, B.
The current state of knowledge of photochemical formation of fuel (Boston University, Boston (USA)) S. 42 ff.

[24] Bogdanović, B.
Spliethoff, B.
Int. J. Hydrogen Energy, Vol. 12, Nr. 12, S. 863 (1987).

[25] Brendel, G.
Ullmanns Enzyklopädie der technischen Chemie 4. Ausgabe, Vol. 13, 116, Weinheim: Verlag Chemie.

[26]
HWT Gesellschaft für Hydrid- und Wasserstofftechnik mbH, Wiesenstr. 36, 4330 Mülheim a. d. Ruhr.

M. Becker, K.-H. Funken, DLR Köln-Porz

Solarchemisches Kolloquium "Grundlagen der Solarchemie": Eine Bewertung

Rund 80 Wissenschaftler und Techniker, die meisten von ihnen aus der Bundesrepublik Deutschland, einige aber auch aus sechs weiteren Ländern, trafen sich am 12. und 13. Juni 1989 in Köln-Porz bei der DLR zum solarchemischen Kolloquium. Zu gleichen Teilen kamen sie aus Großforschungseinrichtungen, Hochschulen und Firmen.

1. Das Potential der Solarstrahlung

Die Sonne liefert eine qualitativ hochwertige, aber verdünnte Strahlungsenergie, die zwar auch direkt, technisch aber besser nach Konzentration in der Chemie genutzt werden kann. Mit Hilfe existierender solarthermischer Anlagen lassen sich folgende technisch attraktiven Effekte erzielen:

* hohe Energiestromdichten
* hohe Temperaturen
* exakte Transienten

2. Definition der Solarchemie

Die "Solarchemie" soll folgende Aspekte umfassen:

a) Nutzung der Sonnenenergie zur Bereitstellung von Prozeßwärme in der chemischen Technik (solare chemische Verfahrenstechnik)
b) Indirekteinkopplung der Sonnenenergie zum Antrieb chemischer Reaktionen (solare Thermochemie, Elektrochemie mit solar erzeugtem elektrischen Strom)
c) Direkteinkopplung der Sonnenenergie zum Antrieb chemischer Reaktionen (Direktabsorption, solare Photochemie, Hybridprozesse wie z.B. solare Thermophotochemie).

3. Bewertung des Kolloquiums

A. Die Solarchemie befindet sich im wesentlichen im Stadium der <u>Grundlagenforschung</u>. Es wäre unangemessen, kurzfristig zu viel zu erwarten. Das erste Ziel des "Solarchemischen Kolloquiums" war daher die Vermittlung grundlegenden Wissens und Verständnisses für die Solarchemie. Eine "kritische Masse" aktiver Fachleute sollte erreicht werden, um der Idee der Solarchemie zum Druchbruch zu verhelfen. Was gegenwärtig erforderlich ist und was sich zukünftig als Nadelöhr erweisen könnte, sind ausreichende finanzielle Mittel, um in hinreichendem Maße grundlegende F&E-Arbeiten voranzutreiben.

B. Es besteht eindeutig das Bedürfnis, in <u>weiteren Veranstaltungen</u> wie dem solarchemischen Kolloquium Informationen und Anregungen auszutauschen.

C. In der Solarchemie muß <u>interdisziplinär</u> gearbeitet werden. Es hat sich herausgestellt - und das war zu erwarten -, daß aufgrund unterschiedlicher Ausbildung und verschiedenen Hintergrundes (Ingenieure, Chemiker, Physiker - Theoretiker, Praktiker) zunächst einige Verständigungsschwierigkeiten entstanden. Die gemeinsame solare Idee aber eröffnet Chancen für Arbeitsgruppen, die sich in der "Solarchemie" engagieren werden.

D. Die interessierten Naturwissenschaftler und Ingenieure waren eingeladen, Gedanken auszutauschen und <u>mögliche Forschungs- und Entwicklungslinien</u> zu initiieren. Auf der Basis von Ansätzen, die aus Vorarbeiten resultieren und die in den Vorträgen dargestellt wurden, von Diskussionen während des Kolloquiums sowie des Rücklaufs der Fragebögen konnten die nachfolgend aufgelisteten Bereiche thematisch konkretisiert werden:

Grundlegende Fragen der Solarchemie

a) Hochtemperaturchemie

Ausgehend von den vorhandenen solarthermischen Anlagen liegt die naheliegendste Anwendung solarthermischer Energie in der "solarisierten" Hochtemperaturchemie. Es geht einerseits um die Entwicklung und Anpassung der solarseitigen Komponenten an die Erfordernisse der chemischen Prozeßführung, andererseits aber auch um eine Anpassung der Prozeßseite an die Gegebenheiten des Solarenergieangebots. Die Kopplungsprobleme sollen in Experimenten wie z.B. der Methanreformierung, der Wasserstofferzeugung durch Hochtemperaturdampfelektrolyse oder thermochemische Kreisprozesse untersucht und gelöst werden.

b) Hochtemperatursolartechnologie für chemische Anwendungen

Solartechnische Anlagen und Komponenten müssen für chemische Anwendungen modifiziert werden. Von Bedeutung sind vor allem:

- Entwicklung von Receiver/Reaktoren
- Entwicklung von Sekundärkonzentratoren.

c) Solarangetriebene Pyrolysen

Pyrolysen erfordern bei relativ kurzen Reaktionszeiten hohe Temperaturen. Daher besteht die Option, daß derartige Reaktionen dem Solarenergieangebot "nachgefahren" werden können.

d) Solarangetriebene photochemische Synthesen zur Herstellung von Feinchemikalien

Photochemische Reaktionen sind wirkungsvolle Werkzeuge für die Synthese von Feinchemikalien. Die Anwendungsbreite der Solarstrahlung sollte auch für dieses Feld eruiert werden.

e) Direktabsorptionsprozesse ("schwarzes Gas" als Reaktand)

Ein "schwarzes Gas" wäre ein idealer Strahlungsabsorber. Wenn dieses "schwarze Gas" die absorbierte Strahlung in einer endothermen Reaktion umsetzte, könnte das Reaktionsprodukt als Sekundärenergieträger dienen. Es ist denkbar, daß man sich dieser theoretischen Vorstellung praktisch annähert, indem "Staub"-Reaktionen (z.B. Kohlevergasung, Kalkbrennen) in konzentriertem Sonnenlicht durchgeführt werden.

f) Hochtemperaturphotochemie

Die gekoppelte Anwendung hoher Temperaturen und hoher Photonenflüsse muß zunächst systematisch experimentell untersucht werden. Durch kluge verfahrenstechnische Kombinationen muß man es möglich machen, Reaktionen trotz großen Entropiezuwachses anzutreiben, indem man durch eine zweite oder dritte Reaktion die Entropie vermindert.

g) Grundlegendes Studium (sowohl thermo- als auch photochemisch) der Reaktionen:

- Wasserspaltung
- Kohlendioxidreduktion
- Stickstoffixierung

h) Photoelektrochemie mikroheterogener Systeme

Es ist für unterschiedliche Anwendungsfälle zu klären, ob mikroheterogene Systeme Vorteile gegenüber räumlich getrennten Photovoltaik- und Elektrolysezellen bieten.

i) Chemische Energiespeicherung sowie Transport der Energieträger

Durch Entwicklung geeigneter chemischer Energiespeicher soll ein Beitrag zur Lösung der grundlegenden Aufgaben von Speicherung und Transport von Solarenergie geliefert werden. Dazu sind reversible Reaktionen mit gutem Wirkungsgrad erforderlich.

4. Projektvorschläge

1) Weiterarbeit an der Solarisierung des General Atomic Schwefelsäurezyklus zur Wasserstofferzeugung

2) DAPIR - Direct Absorbing Particle Injection Receiver: Receiver für chemische Anwendungen.

3) Solare Kohle- und Biomassevergasung sowie Pyrolysen

4) Solar-Photochemische Synthesen von Feinchemikalien

5) Pilotexperiment zum solaren Steam Reforming von Methan

T e i l n e h m e r

Achenbach E.
KFA Jülich GmbH
Inst. F. Reaktorbauelemente
Postfach 19 13
D - 5170 Jülich

Althoff W.
Staatskanzlei NRW
Mannesmannufer 1a
D - 4000 Düsseldorf 1

Bayer E.
Universität Tübingen
Institut für Organische Chemie
Auf der Morgenstelle 18
D - 7400 Tübingen 1

Becker M.
DLR, MD-ET
Linder Höhe
D - 5000 Köln 90

Beier B.
DLR, WB-SM
Institut für Strukturmechanik
Postfach 32 67
D - 3300 Braunschweig

Bennouna A.
Centre National de Coord. et d[illegible]
fication Scientifique et Techn[illegible]
B.P. 1346
R.P. Rabat, Marokko

Bertram R.
TU Braunschweig - Physikalische und
Theoret. Chemie Abt. Angew.Elektroc
Hans-Sommer-Str. 10
D - 3300 Braunschweig

Bockelmann D.
ISF Hannover
Sokelantstr. 5
D - 3000 Hannover

Böhmer M.
DLR, MD-ET
Linder Höhe
D - 5000 Köln 90

Buck R.
DLR, EN-TT
Pfaffenwaldring 38 - 40
D - 7000 Stuttgart 80

Buschmann
RWTH Aachen
Institut für Organische Chemie
Professor-Pirlet-Str. 1
D - 5100 Aachen

Czimczik A.
L. & C. Steinmüller GmbH
Fabrikstr. 1
D - 5270 Gummersbach

Dahl R.
KFA Jülich GmbH
PBE
Postfach 19 13
D - 5170 Jülich 1

Dillert
RWTH Aachen
Institut für Organische Chemie
Professor-Pirlet-Str. 1
D - 5100 Aachen

Esser
KFA Jülich GmbH
Institut für Reaktorbauelemente
Postfach 19 13
D - 5170 Jülich

Fedders D.
KFA Jülich GmbH
Inst. f. Reaktorbauelemente
Postfach 19 13
D - 5170 Jülich

Fell B.
RWTH Aachen
Mathem.-Naturwissenschaft. Fakultät
Worringer Weg 1
D - 5100 Aachen

Fimpel U.
RWTH Aachen
Institut für Aufbereitung
Wüllnerstr. 2
D - 5100 Aachen

Franzrahe H.
Universität Dortmund
Abteilung Chemietechnik
Postfach 50 05 00
D - 4600 Dortmund

Fuchs H.
COLENCO AG
Parkstr. 27
CH- 5401 Baden

Fuhr A.
RWTH Aachen
Eisenhüttenkunde Abt. Eisenherstell
Intzestr. 1
D - 5100 Aachen

Funken K.-H.
DLR, MD-ET
Linder Höhe
D - 5000 Köln 90

Grieb H.
TU Clausthal
Inst. f.Theoretische Physik, Abt. B
Leibnitzstr. 10
D - 3392 Clausthal-Zellerfeld

Harth R.
KFA Jülich GmbH
PTH
Postfach 19 13
D - 5170 Jülich 1

Hartwig T.
Max-Planck-Institut
für Kohleforschung
Kaiser- Wilhelm Platz 1
D - 4330 Mülheim/Ruhr

Hennies M.
Journalistenbüro (SFB)
Bonn Str. 310H
D - 5000 Köln 51

Hoberg H.
RWTH Aachen
Schinkelstr. 8
D - 5100 Aachen

Hochbruck W.
Noell GmbH
Abt. TT
Postfach 6260
D - 8700 Würzburg

Hoffmann N.
RWTH Aachen
Institut für Organische Chemie
Professor-Pirlet-Str. 1
D - 5100 Aachen

Hohbein R.
Johnson Matthey GmbH
Otto-Vogler-Str. 19
D - 6231 Sulzbach/Ts.

Hohbein R.
Johnson Mattey GmbH
Otto-Volger-Straße 19
D - 6231 Sulzach/Ts. 1

Huder K.
DLR, EN-TT
Pfaffenwaldring 38-40
D - 7000 Stuttgart 80

Imhof A.
PSI Paul-Scherrer-Institut
Abteilung 51
CH- 5232 Villingen

Kalfa H.
Didier-Werke AG
Lessingstr. 16-18
D - 6200 Wiesbaden

Kassebohm B.
Stadtwerke Düsseldorf AG
Luisenstr. 105
D - 4000 Düsseldorf 1

Kempkens W.
Wirtschaftwoche
Ressort Technik und Innovation
Kasernenstr. 67
D - 4000 Düsseldorf 1

Kesselring P.
PSI Paul-Scherrer-Institut
CH- 5303 Würenlingen

Klopries B.
Hüls AG
Postfach 13 20
D - 4370 Marl

Knoch J.
Edelhoff AG & Co.
Friedrich-Kaiser-Str. 13
D - 5860 Iserlohn

Knoche K.F.
RWTH Aachen
Lehrstuhl f. Technische Thermodynam
Schinkelstr. 8
D - 5100 Aachen

Köhne R.
DLR, EN-TT
Pfaffenwaldring 38 - 40
D - 7000 Stuttgart 80

Kormann C.
FU Berlin
FB Chemie Inst.f. Physik.u.Theor.Ch
Takustr. 3
D - 1000 Berlin

Kühne M.
Universität Stuttgart
Inst. F. Physikalische Elektronik
Pfaffenwaldring
D - 7000 Stuttgart 80

Kuhn P.
PSI Paul-Scherrer-Institut
Abteilung 51
CH- 5232 Villingen

Lapke G.
VEBA Oel AG
Postfach 20 10 45
D - 4650 Gelsenkirchen

Leuchsner V.
DLR, WB-WK
Pfaffenwaldring 38-40
D - 7000 Stuttgart 80

Lottner V.
KFA Jülich GmbH
PBE
Postfach 19 13
D - 5170 Jülich

Meinecke W.
Interatom GmbH
Friedrich-Ebert-Str.
D - 5060 Bergisch Gladbach 1

Memming R.
ISF Hannover
Sokelantstr. 5
D - 3000 Hannover 1

Miller F.
DLR, EN-TT
Pfaffenwaldring 38 - 40
D - 7000 Stuttgart 80

Mitzel M.
Bomin Solar
Industriestr. 8-10
D - 7850 Lörrach

Möckel H.J.
Hahn-Meitner-Institut
Bereich Strahlenschemie
Glienicker Str. 100
D - 1000 Berlin 39

Morhenne J.
Ruhruniversität Bochum
Institut für Thermo- und Fluiddynam
Universitätsstr. 150
D - 4630 Bochum 1

Neumann K.-K.
Uhde GmbH
Friedrich-Uhde-Str. 1
D - 4600 Dortmund

Novak P.
Fakulteta za strojnistvo
Murnikova 1
J - 61000 Ljubljana

Oman I.
Fakulteta za strojnistvo
Murnikova 1
J - 61000 Ljubljana

Pausewang H.
Fachinformationszentrum
Medenstr. 57
D - 5300 Bonn

Pitz-Paal R.
Ruhruniversität Bochum
Institut f. Thermo- und Fluiddynami
Postfach 10 21 48
D - 4630 Bochum

Plath M.
RWTH Aachen
Institut für Organische Chemie
Professor-Pirlet-Str. 1
D - 5100 Aachen

Pollack H.
L. & C. Steinmüller GmbH
Postfach 10 08 55
D - 5270 Gummersbach

Rachow U.
DLR, MD-ET
Linder Höhe
D - 5000 Köln 90

Ries
PSI Paul-Scherrer-Institut
CH- 5303 Würenlingen

Ritter A.
Max-Planck-Institut
für Strahlenchemie
Stiftstr. 34 - 36
D - 4330 Mülheim/Ruhr

Rode I.
Ministerium für Wissenschaft und
Forschung NRW
Völklinger Str. 49
D - 4000 Düsseldorf 1

Saus A.
Universität - GHS Duisburg
Fachbereich 6, Angewandte Chemie
Lotharstr. 1, MG
D - 4100 Duisburg

Sanchez M.
CIEMAT - IER
c/o DLR, MD-ET
Linder Höhe
D - 5000 Köln 90

Sasse Chr.
DLR, EN-TT
Pfaffenwaldring 38 - 40
D - 7000 Stuttgart 80

Schaaf U.
INPLUS GmbH
Radolfzeller Str. 11
D - 8000 München 60

Schmidt H.
Fraunhofer Gesellschaft
Leonrodstr. 54
D - 8000 München 19

Schneider R.
IEA - International Energy Agency
2, rue Andre Pascal
F- 75775 Paris, Cedex 16

Schneider G.
DLR, MD-ET
Linder Höhe
D - 5000 Köln 90

Schubnell M.
PSI Paul-Scherrer-Institut
Abteilung 51
CH- 5232 Villigen

Schüle M.
Universität Hannover
Kältetechnik u. Angew. Wärmetechnik
Callinstr. 30 A
D - 3000 Hannover

Schwetje N.
Kali-Chemie AG
Abt. K-F
Hans-Böckler-Allee 20
D - 3000 Hannover 1

Siedentop C.
Universität Hannover
Kitschburger Str. 22a
D - 5000 Köln 90

Sinn Ch.
Universität Hamburg
Fachbereich Chemie
Bundesstr. 45
D - 2000 Hamburg 13

Sizmann R.
Universität München
Sektion Physik der Universität Münc
Amalienstr. 54/IV
D - 8000 München 40

Specht M.
Universität Stuttgart
Inst. f. Physikalische Elektronik
Pfaffenwaldring
D - 7000 Stuttgart 80

Sprengel U.
DLR, EN-GS
Pfaffenwaldring 38 - 40
D - 7000 Stuttgart 80

Steiner D.
Universität Stuttgart
Inst.f.Kernenergetik u.Energiesyste
Pfaffenwaldring 31
D - 7000 Stuttgart 80

Susemihl I.
Kanadische Botschaft
Friedrich Wilhelm Str. 18
D - 5300 Bonn

Tributsch H.
Hahn-Meitner-Institut
Bereich Strahlenchemie
Postfach 39 01 28
D - 1000 Berlin

Vant - Hull L.
University of Houston
Energy Lab., S+RI, Room 504
4800 Calhoun - SPA
USA 77204 Houston, Texas-5505

Weinmann O.
c/o DLR, MD-ET
Linder Höhe
D - 5000 Köln 90

Wicker M.
Universität Kiel
Inst.f. Physikalische Chemie
Olshausenstr. 40 Haus S12c
D - 2300 Kiel

Winter C.-J.
DLR, VO-ST
Pfaffenwaldring 38-40
D - 7000 Stuttgart 80

von Unger E.
Interatom GmbH
Friedrich-Ebert-Str.
D - 5060 Bergisch Gladbach 1

Solarchemisches Kolloquium
12. und 13. Juni 1989

Band 2:

Solare Detoxifizierung von Problemabfällen

I N H A L T

Solare Detoxifizierung - Der Einsatz von Solarstrahlung zur Entgiftung von Problemabfällen
K.-H. Funken, DLR Köln

Arten, Anfall und Herkunft von Problemabfällen
U. Schaaf, INPLUS GmbH, München

Schadstoffidentifizierung in Deponieeffluaten
H.J. Möckel, HMI Berlin

Konventionelle Sonderabfallbehandlung sowie Umgang mit Kleinmengen
J. Knoch, Edelhoff AG & Co., Iserlohn

Konventionelle Sonderabfallverbrennungsanlagen und - verfahren
H. Pollack, L.& C. Steinmüller GmbH, Gummersbach

Thermische und thermokatalytische Behandlung von Abfällen
E. Bayer, Uni Tübingen

Anlagen und Komponenten der Solartechnologie
M. Böhmer, DLR Köln

Solare Detoxifizierung von Problemabfällen - ein Blick auf den literaturbekannten Wissensstand -
B. Fell, RWTH Aachen

Lösungsansätze für eine großtechnische solare Entsorgung chemischer Abfallstoffe
H. Tributsch, HMI Berlin

Photokatalytische Detoxifizierung
C. Kormann, FU Berlin

Technologische Probleme an der Schnittstelle Sondermüll-technologie - Solartechnologie
H. Hoberg, U. Fimpel, RWTH Aachen

Solarthermische H^2S-Zersetzung mit einem Fix-Fokus-Konzentrator
M. Mitzel, Bomin Solar GmbH & Co.KG, Lörrach

Solarchemisches Kolloquium: "Solare Detoxifizierung von Problemabfällen" - Eine Bewertung -
M. Becker, K.-H. Funken, DLR Köln